低碳区域供热供冷技术丛书

水热型地热大温差集中供热工程

孙方田　著

中国建材工业出版社

图书在版编目（CIP）数据

水热型地热大温差集中供热工程/孙方田著．--北京：中国建材工业出版社，2021.7
（低碳区域供热供冷技术丛书）
ISBN 978-7-5160-3201-5

Ⅰ.①水…　Ⅱ.①孙…　Ⅲ.①地热利用－供热工程　Ⅳ.①TU833

中国版本图书馆 CIP 数据核字（2021）第 074187 号

水热型地热大温差集中供热工程

Shuirexing Dire Dawencha Jizhong Gongre Gongcheng

孙方田　著

出版发行：中国建材工业出版社

地　　址：北京市海淀区三里河路 1 号
邮　　编：100044
经　　销：全国各地新华书店
印　　刷：北京鑫正大印刷有限公司
开　　本：710mm×1000mm　1/16
印　　张：13.25
字　　数：260 千字
版　　次：2021 年 7 月第 1 版
印　　次：2021 年 7 月第 1 次
定　　价：**68.00 元**

序　言

　　近 30 年来，中国城镇化得到了快速发展，北方城镇供热面积平均以约 10% 的速度逐年递增。然而，集中供热热源建设因大气污染防治等环保政策而受到限制，从而导致既有集中热源供热能力相对不足。对于部分重点城市，燃煤锅炉因热效率低、大气污染物排放量大而相继被关停，并启动煤改气工程。燃煤锅炉转变为燃气锅炉虽然有利于提升大气环境质量，但其供热成本大幅上升，且将导致天然气冬季气源供应能力不足以及冬夏季燃气峰谷差较大等问题。

　　开发利用可再生能源——中深层地热有助于满足供热负荷日益增长的需求，降低供热领域的化石能源消耗量及其大气污染物排放量。中国是一个地热资源大国，拥有丰富的中深层地热，其中以水热型地热资源为主。相关数据表明，大气污染物传输通道"2+26"城市拥有丰富的水热型地热资源，每年可资开发的地热资源量约相当于 8.67 亿吨标准煤，但目前因技术限制、开发利用成本高等因素而导致中深层地热开发利用率较低。

　　《大气污染防治行动计划》要求"2+26"城市坚持因地制宜、多措并举、创新驱动原则，积极开展清洁能源供暖工程。对于"2+26"城市，每个城市的能源资源条件、地热资源空间分布及地热品位均存在较大的差异，单一的水热型地热供热模式难以满足当前供热工程建设多样化需求。这在一定程度上限制了水热型地热供热发展。因此，如何结合自身地热资源禀赋、能源资源条件及供热设施建设现状，探索出具有自身特色的水热型地热集中供热新模式是中国北方各地政府当前亟待解决的重大民生课题之一。

　　对于毗邻供热负荷区的水热型地热田的供热负荷区，基于集中式热泵的低温区域供热模式和基于水-水换热器的低温区域供热模式是两种高效、经济的常规地热低温供热模式，但其地热经济输送距离较短（供热半径≤3km）。对于部分远离供热负荷区的水热型地热田，常规的低温供热模式因其供热半径短而难以被用于开发此类地热资源。鉴于此，本课题组提出了水热型地热大温差集中供热新技术、新工艺及新装备，以期进一步完善水热型地热供热技术体系，满足水热型地热供热工程建设的多样化实际需求。

　　水热型地热大温差集中供热新技术涉及地热地质学、热能与动力、供热工程、城乡能源规划等多个领域，是多学科交叉的能源高效开发利用技术。为了更清楚、全面地阐明水热型地热大温差集中供热技术特点，本课题组汲取了各个领域前辈们的科研成果及经验，从地热供热发展需求、地热资源禀赋、地热供热系统优化集成、技术适用性以及清洁能源激励政策方面进行了阐述。本书坚持学以致用的基本原则,将新技术系统性介绍给暖通空调以及热能工程领域的本科生、研究生、技术开发人员、供热工程规划与设计人员以及相关装备研发人员。

本书可作为高等院校能源动力类以及土建类专业的教科书或教学参考书,也可以供相关科研人员、低碳供热工程规划及系统设计人员、供热设备研发及设计人员、供热企业运营管理人员自学或参考,以期提高中国低碳区域供热供冷技术水平,促进中国北方地区低碳区域供热供冷发展。

作者在此衷心感谢清华大学付林教授及其团队,天津大学马一太教授、赵军教授及其团队,丹麦技术大学 Svend Svendsen 教授、北京建筑大学李德英教授和王瑞祥教授等对本书所述成果的指导、支持与帮助,并感谢与我共同奋斗的北京建筑大学低碳区域供热供冷科研团队成员的辛勤劳动与无私奉献。

作者欢迎本书的所有读者对本书稿提出改进意见,以期进一步完善低碳区域供热供冷理论及技术体系,推动低碳区域供热供冷技术发展。

孙方田

2021 年 4 月

主要符号表

字母符号

Γ——平均地温梯度，℃/100m

T，t——温度，K，℃

q——热流密度，W/m²

τ——时间，s

a——热扩散率，m²/s

$erfc$——高斯误差函数

λ——导热系数，W/（m·℃）

L——长度，m

x——位置，m

m——质量流量，kg/s

c_p——定压比热容，kJ/（kg·℃）

U——传热系数，W/（m²·℃）

A——传热面积，m²

k——对流换热系数，W/（m²·℃）

u——热力学能，W/kg

w——机械功，W/kg

g——重力加速度，m/s²

e——比㶲，J/kg

s——熵，J/（kg·℃）

Ex——㶲流，J

I——炻流，J

Q——热流量，W

q——热流密度，W/m²

R——热绝缘系数，m²·℃/W

Re——雷诺数

d——直径或当量直径，m

μ——动力黏度，Pa·s

ε——修正系数

f——摩擦因子

ρ——密度，kg/m³

N，n——数字

p——压强，Pa

Pr——普朗特数

Nu——努谢尔数

COP——性能系数

h——焓，J/kg

a，b，c——系数

x——浓度，%

v——运动黏性系数，m²/s

γ'——液体密度，kg/m³

γ''——蒸汽密度，kg/m³

r——潜热，kcal/kg

σ——表面张力，kg/m

α——过量空气系数

η——燃气锅炉热效率

B——燃气燃烧速率，Nm³/s

φ——横向管间流通截面与斜向管间流通截面之比

ω——横向节距，m

θ——螺纹间距，m

ϑ——螺纹深度，m

ε_f——肋化系数

$\in$——烟气黑度

Ja——雅各布数

σ——绝对粗糙度，m

S——比摩阻，Pa/m

ζ——局部阻力系数

u——管段循环水流速，m/s

N——电功率，W

V——体积容积，m³

q——输气量，m³/min

r——基圆半径，m

ϕ——渐开角

k——绝热指数

β——叶片角度，(°)

Ψ——压比，Pa/Pa

Ma——马赫数

$SCOP$——系统性能系数

$ASCOP$——年系统性能系数

$UEFF$——化石能源利用效率

$AUEFF$——年化石能源利用效率

PEE——产品㶲效率

$APEE$——年产品㶲效率

$\overline{Q}$——相对负荷比

Rn——无因次群

n——延续天数

Qh——热耗量

AB——年收入，元

AC——年成本费用，元

i——折现率或利率，%

AD——固定资产年折旧费

AI——年折旧费，元/年

FC——固定投资费，元

PC——单位产品成本，元

CO——项目年支出，元

ROI——固定投资收益率

ζ——销售税金及附加

角码：

c——恒温带

l——长度

0——参考值

gw——地热

hw——热流体

cw——冷流体

m——平均值

in——进口

out——出口

s——壳侧

t——管侧

w——水侧

r——制冷剂侧

l——液态

v——气态

eq——当量

vt——理论

max——最大值

con——冷凝器

gen——冷凝器

gen——发生器

eva——蒸发器

abs——吸收器

rhe——溶液换热器

whe——水-水换热器

ghe——烟-气换热器

b——锅炉

ng——天然气

fg——烟气

1w——一次热网循环水

2w——二次热网循环水

3w——三次热网循环水

swhe——汽-水换热器

ahp——吸收式热泵

lhv——低位发热值

ehe——喷射式大温差换热机组

eje——喷射器

com——压缩机

chp——压缩式热泵

v——蒸汽

d——当量

is——等熵

wp——水泵

rp——工质泵

fr——沿程阻力

lr——局部阻力

ge——地热能

st——水蒸气

ee——电能

dh——区域供热系统

pn——喷嘴

mix——混合室

df——扩散室

hs——热源站

hl——供热管线

hss——热力站

res——中继能源站

cv——控制体

ff——化石燃料

n——室内

w——室外

a——室外

su——供水

re——回水

ch——化学能

j——序数

目　　录

1　绪　论

中国工业化进程和城镇化进程得到了快速推进，导致社会商品总能耗逐年递增（图 1-1），从而导致大气污染物排放量剧增，大气环境被严重污染。2013 年，雾霾天气在全国各地多次爆发。北方地区冬季大气环境质量相对恶劣。这是由于北方城镇的供热系统在冬季排放更多的大气污染物，进一步恶化了大气环境。由此可见，供热节能是北方地区大气污染防治的重要技术措施之一，也是中国节能减排的重点工作之一。

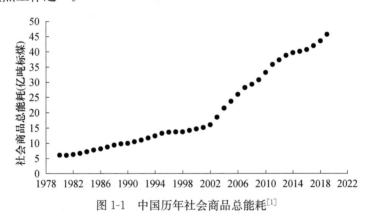

图 1-1　中国历年社会商品总能耗[1]

为提升大气环境质量，党中央和国务院先后制定和颁布了一系列法律、法规，如《中华人民共和国节约能源法》《中华人民共和国清洁生产促进法》《中华人民共和国大气污染防治法》，号召各地政府积极开展"大气污染防治攻坚战"，以打造绿水青山，建设生态文明。《大气污染防治行动计划》要求大气污染传输通道"2＋26"城市结合当地资源条件因地制宜实施清洁供暖工程。为此，中央和地方政府制定了相应的财政补贴等政策与措施以激励和推动清洁供热技术发展与应用。北京市下发了《北京市发展和改革委员会等关于印发进一步加快热泵系统应用推动清洁供暖实施意见的通知》（京发改规〔2019〕1 号）[2]，明确规定：对于地热能供热系统建设项目，项目中的热源和一次管网投资给予 50％的资金支持；对于余热热泵供热系统建设项目，项目中的热源和一次管网投资给予30％的资金支持。

近十几年来，中国北方城镇集中供热面积以每年 2 亿～3 亿 m² 速度增长，增长率约9％。在 2009 年至 2019 年期间，中国北方城镇集中供热面积分布如图 1-2 所示。

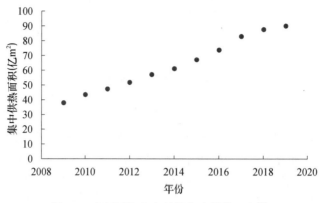

图 1-2　中国历年北方城镇集中供热面积[1]

截至 2019 年年底，中国北方城镇集中供热面积约 90.13 亿平方米，供热能耗总量约相当于 2.1 亿吨标准煤。目前，中国北方地区集中供热能耗仍然是以煤为主的能源消费结构。较高的供热能耗势必带来较大的大气污染物排放量，从而导致大气环境污染逐年恶化。近年来，北方城镇的集中热源建设因环保政策限制而受到极大的掣肘，这在很大程度上致使集中热源供热能力相对不足。

"煤改气"清洁供热工程虽然有利于降低供热煤耗，治理大气环境污染，但其供热成本较高，且将导致天然气冬夏峰谷差偏大和冬季气源供应紧张。当前，中国北方城镇不仅面临着大气环境污染严重的问题，而且还存在集中热源供热能力相对不足的问题。2020 年 9 月，习近平总书记在联合国大会上向世界作出郑重承诺："中国二氧化碳排放量力争于 2030 年前达到峰值，努力争取 2060 年前实现碳中和"。这为供热行业指出了低碳供热发展方向。当前，开发可再生能源用于供热是实现供热行业"碳达峰和碳中和"的必由之路。中国拥有丰富的地热资源，尤其是水热型地热资源，为中国低碳供热发展提供了条件。开发水热型地热资源用于北方城镇建筑采暖可大幅度降低化石能源消耗量，有助于解决上述问题，实现供热行业的"碳达峰、碳中和"发展目标。

1.1　水热型地热集中供热技术发展动态

水热型地热能主要来自地球内部放射性元素发生衰变时所产生的热能。相对于浅层地热能，水热型地热能具有水温高、热流密度大、热稳定性好等特点，其地热能品位与城镇建筑采暖所需用热品位相匹配，且其利用过程几乎不排放大气污染物，因此是一种较理想的清洁能源。

1.1.1　水热型地热可资开发潜力

考虑到地质构造特征、热流体传输方式、地热温度范围以及开发利用方式等因素，中国地热资源可分为浅层地热资源、水热型地热资源和干热岩地热资源三种类型。水热型地热资源有高温地热资源（≥150℃）、中温地热资源（90～150℃）和低温地热资源（<90℃），但以中低温地热资源为主。其中，水热型中低温地热资源总量折合标准煤约 12300 亿吨，年可开采量约相当于 18.65 亿吨标准煤[3]。

中国水热型地热资源分布具有明显的规律性和地带性，但受构造、岩浆活动、地层岩性、水文地质条件等因素控制而导致地热能的空间分布与品位分布、地热流密度分布等不均匀，这将在很大程度上给水热型地热资源的钻探、开发与利用带来极大的困难。

中国中深层地热资源以水热型地热为主，其中水热型地热资源主要分布在华北平原、河淮平原、松辽盆地、苏北平原、下辽河平原、汾渭盆地等 15 个沉积盆地和山地的断裂带。沉积盆地的中低温地热资源储量较大，约占目前可开发利用水热型地热资源的 89%[4]。沉积盆地的地热资源具有储集条件好、储层多、厚度大、分布广等特点，且其热储温度随深度增加而升高，是中低温水热型地热资源开发潜力最大的地区。据当前勘探数据可知[4]，水热型地热资源可开采量最大的为四川盆地，次之为华北平原。中国 15 个沉积盆地的水热型地热资源量及年可开采量分布如图 1-3 所示。

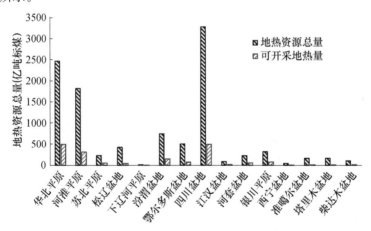

图 1-3 沉积盆地水热型地热资源分布及可开采量分布

15 个沉积盆地的水热型地热资源可开采量约相当于 1.06 万亿吨标准煤，每年可开采的地热能约相当于 17.0 亿吨标准煤。其中，四川盆地的水热型地热资源可开采量约相当于 5.44 亿吨标准煤，华北平原的中低温水热型地热资源年可采量约相当于 4.22 亿吨标准煤。由此可见，坐落于北方地区的华北平原水热型地热资源开发潜力较大。

对于沉积型盆地，不同温度的水热型地热储藏量及可开采量分布[5]如图 1-4所示。

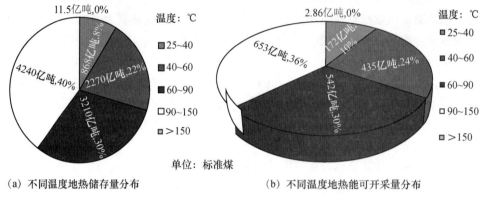

（a）不同温度地热储存量分布　　　（b）不同温度地热能可开采量分布

图 1-4　沉积型盆地的水热型地热能储量及可开采量分布

由图 1-4 分析可知，沉积型盆地的可开采水热型地热能总量约相当于 1800 亿吨标准煤，其中 60～150℃和 40～60℃的地热能可开采量分别占其资源总量的 66％和 24％。目前，中国中低温水热型地热主要分布在 1000～3000m，地热水温主要分布在 55～95℃。

中国水热型地热资源开发是以中低温地热资源为主，主要用于建筑供暖。近 10 年来，中国地热能利用量年增长率约 10％。目前，中国中低温水热型地热供暖面积约 8875 万 m²，水热型地热资源年利用量约相当于 415 万吨标准煤，其开采率仅为 0.2％[5]。当前的勘察数据表明[3]，北方地区大气污染传输通道"2+26"城市的水热型地热资源年可开采量相当于 8.67 亿吨标准煤。

综上所述，中国水热型地热热源较丰富，地热资源空间分布不均衡，地热能品位分布较广，且以中低温地热能为主。当前，中国的水热型地热资源开发与利用率较低，可资开发利用潜力巨大，尤其是位于大气污染传输通道"2+26"城市区域的水热型地热资源。开发中低温水热型地热资源用于大气污染传输通道"2+26"城市集中供热将有利于北方地区冬季大气污染防治，也有助于供热行业实现"碳达峰和碳中和"发展目标。

1.1.2　水热型地热供热系统工艺

水热型地热用于温泉、洗浴和采暖最早可追溯到罗马帝国时期，而其用于发电的历史仅 100 年左右。水热型地热能可用作地热田附近热用户的集中热源，也可以用作水产养殖、温室种植、食品干燥、融雪的加热热源，其热效率约 90％，拥有较好的经济效益，因此是当前水热型地热资源开发利用的主要方式[6-7]。

鉴于水热型地热资源分布特点及工程条件，水热型地热供热系统大致分为四类：①水热型地热直供式低温供热系统。②水热型地热间供式低温供热系统。③基于热泵的水热型地热低温供热系统。④水热型地热大温差集中供热系统。

1. 水热型地热直供式低温供热系统

水热型地热低温直供式供热系统[6-7]就是将水热型地热水直接输送至末端用户散热装置。其供热系统流程示意如图 1-5 所示。

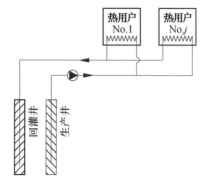

图 1-5 水热型地热直供式低温供热系统流程

该供热方式具有结构简单、供热半径小（＜1km）、供热规模小、初投资少、运行成本低的特点，但对地热水水质要求较高，否则将导致热用户的末端散热装置被腐蚀或积垢，从而影响末端散热器的传热性能和运行安全。小规模供热系统因其供热半径小、供热能力低而致使水热型地热资源难以被大规模地开发利用。这将在很大程度上导致水热型地热资源利用率偏低。

该供热方式仅适用于位于水热型地热田之上的热用户，且要求地热水温高于55℃、地热水矿化度低、pH 值适中。

2. 水热型地热间供式低温供热系统

水热型地热间供式低温供热系统是利用间壁式换热器将地热水热能传递至热网循环水热能，从而可避免矿化度较高的地热水腐蚀热用户末端散热器或因结垢而削弱末端散热器传热性能。其供热系统流程示意[7]如图 1-6 所示。该供热方式在天津、西安、济南等地已成功应用。

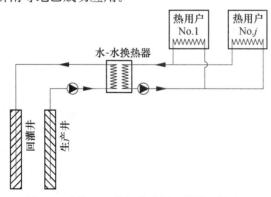

图 1-6 水热型地热间供式低温供热系统流程

该供热方式具有系统结构较简单、运行成本较低的特点，且对水质要求不高，但对地热水温要求较高（＞70℃）。该供热系统的供热半径、供热规模、系统初投资取决于地热水温、地热流密度和源荷空间分布。

该供热方式也仅适用于位于水热型地热田之上或毗邻地热田的热用户。

3. 基于热泵的水热型地热低温供热系统

基于热泵的水热型地热低温供热系统是利用热泵对中低温地热能进行升温以满足热用户采暖温度需求[8-12]。根据地热水温度、末端散热器供水温度需求和常规能源配置条件，该供热工艺可采用水-水换热器和热泵对低温水热型地热能进行梯级利用，也可直接采用热泵对低温地热进行升温以满足高温热用户的供热温度需求。其供热系统流程示意如图 1-7 所示。该供热方式在天津、北京、西安、济南、太原、安阳、开封等地已得以示范与应用。

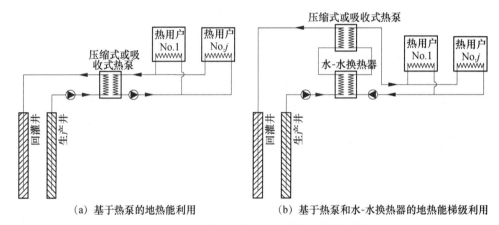

（a）基于热泵的地热能利用　　　　（b）基于热泵和水-水换热器的地热能梯级利用

图 1-7　基于热泵的水热型地热低温供热系统

该供热方式的系统结构较复杂、地热经济输热距离相对较远（＜3km）、初投资较大、运行成本较高，且其系统运行安全几乎不受地热水质影响。这在一定程度上可提高水热型地热资源利用率。根据热用户与地热田的距离以及常规能源电力、燃气配置条件，该供热系统中的热泵可采用电动蒸汽压缩式热泵或直燃型溴化锂吸收式热泵。

相对于前两种供热方式，该供热方式具有较长的地热经济输送距离，其适用性相对较好，也适用于毗邻地热田的热用户。

对于远离供热负荷区的大型水热型地热田，小温差、长距离的输热方式不仅导致一次输热管网的建设成本较高，而且还将导致一次管网运行能耗偏高，从而导致供热成本偏高，这在经济上不可行。因此，上述三种供热方式均因较短的地热经济输送距离而难以将地热长距离输送至城镇供热负荷区，从而限制了远离供热负荷区的大型水热型地热田的开发与利用。由此可见，长距离经济输送地热是当前水热型地热集中供热的发展瓶颈，亟待解决。

4. 水热型地热大温差集中供热系统

鉴于长距离经济输热需求，本课题组提出了基于吸收式换热的水热型地热大温差集中供热模式以大幅降低一次回水温度，提高一次热网供回水温差，并利用水-水换热器、直燃型溴化锂吸收式热泵对水热型地热能进行梯级深度利用，并逐级加热一次热网循环水[13]。该供热方式的系统流程示意如图 1-8 所示。

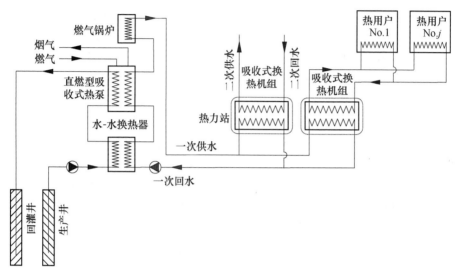

图 1-8　基于吸收式换热的水热型地热大温差集中供热系统流程[13]

该供热方式的系统较复杂、供热半径大、供热规模大、一次热网主干线经济输热距离远（可达 28km）、系统热力学性能高、经济效益好，但其系统初投资较大、一次热网供水温度要求较高（120～150℃）。该大温差集中供热工艺可有效解决水热型地热田与城镇供热负荷区空间分布不匹配问题，有助于挖掘水热型地热能清洁供热潜力，大幅提高水热型地热资源利用率，但需要天然气输配管网配套，因此适用于天然气管网配套较好的大规模水热型地热集中供热工程。对于远离城区的地热田，燃气输配管网配套设施建设投资较大，且燃气和热力管网仅在采暖季利用，利用率相对较低，运行成本较高。因此，该新型水热型地热大温差集中供热技术在实际工程应用中也有一定的局限性。

水热型地热大温差集中供热系统优化集成与高效运行控制设计需要考虑地热水温分布、供暖温度需求、常规能源配置条件以及地热田与城镇供热负荷区空间分布状况等因素。

1.2 水热型地热集中供热发展机遇与挑战

1.2.1 水热型地热清洁供热发展机遇

为满足人民群众对宜居生态环境的需求，党中央和国务院作出了建设生态文明的重大战略决策，提出"绿水青山就是金山银山"的发展战略，积极打造绿水青山，建设生态文明。党中央和国务院提出的"2030 碳达峰和 2060 碳中和"发展战略也为供热行业低碳发展提出了更高的要求。

《大气污染防治行动计划》要求"大气污染传输通道2＋26 城市"积极推进清洁供暖工作。水热型地热能是一种可再生清洁能源，且因其温度高、能流密度高等特点而备受供热行业青睐。中国水热型地热能年可采资源量约折算为 18.65 亿吨标准煤，其中中低温水热型地热资源量占比达 95％以上，主要分布在华北平原、松辽盆地、苏北平原、鄂尔多斯盆地等，可用于供暖。"2＋26"城市所覆盖的北京、天津、河北、山西、山东、河南六省市水热型地热资源约折算为 5021 亿吨标准煤，每年可开采地热总量约折算为 8.67 亿吨标准煤，资源较丰富。

国家能源局、财政部、国土资源部、住房城乡建设部联合发文《关于促进地热能开发利用的指导意见》。该指导意见要求：到 2015 年，地热能资源评价、开发利用技术、关键设备制造、产业服务等形成较完整的产业体系，到 2020 年，形成完善的地热能开发利用技术和产业体系。《北方地区冬季清洁取暖规划（2017—2021 年）》以及《关于加快浅层地热能开发利用促进北方采暖地区燃煤减量替代的通知》要求积极推进水热型地热供暖，2021 年地热供暖面积达 5 亿平方米。北京市规划和自然资源委等七部门联合制定了《关于进一步加快热泵系统应用推动清洁供暖的实施意见》，要求本市到 2020 年可再生能源利用比重达到8％，到 2035 年达到 20％。为进一步激励水热型地热清洁供热技术发展及应用，北京市对地热供热系统的热源及一次热网建设投资补贴 30％。

"打赢大气污染防治攻坚战"是中国中央政府及地方各级政府重点关注的工作内容。水热型地热集中供热技术是一种可持续的清洁供暖技术，因此受到各地政府和供热企业的重视。这将推动水热型地热集中供热技术推广应用。因此，水热型地热供热在水热型地热资源丰富的北方地区，尤其是"2＋26"城市具有广阔的应用前景和巨大的市场发展潜力。

1.2.2 水热型地热集中供热面临的挑战

开发水热型地热资源用于城镇采暖成功与否主要取决于地热田地质条件、地热田空间分布、地热品位分布、地热能经济输送距离。水热型地热集中供热发展中的主要挑战与高昂的钻井成本以及资源储层勘探风险有关。此外，水热型地热开发利用过程的结垢、腐蚀以环境破坏等不良影响也是水热型地热集中供热系统在规划、设计与建设过程中需要重点关注的问题[14-17]。

1. 地质勘查资料以及地热勘测数据相对不完善

目前，欧盟国家基本完成了地热资源勘查工作，其地热资源勘查数据已为欧盟各个国家的城市能源规划与设计提供数据支持，推动了欧盟的地热供热工程建设。

近些年，中国政府逐渐重视可再生能源——地热能的开发与利用。在 2010 年，国土资源部启动了新一轮中深层地热资源勘查评价，但因资金或人力资源投入有限而导致地热资源勘查过于粗略。目前，中国大部分地区的地质资源勘查数据还不详细，甚至部分地区勘查数据出现空白。

现有的地热资源勘查评价结果无法精准指导水热型地热井钻探，从而导致地热井钻探成功率偏低，地热开发风险较大。地质及地热资源勘查数据不完善已成为中国北方地区水热型地热供热发展的桎梏，不利于中国北方地区智慧城市低碳能源系统规划、设计与建设。近期，中国科学院地质与地球物理研究所地热资源研究中心建立了中国大地热流数据库（http：//chfdb. xyz/），这将有助于推动中国水热型地热资源的开发与利用。

2. 水热型地热供热系统初投资偏高

水热型地热供热系统所需地热井钻探深度通常在 1000~3000m，钻井成本随地热井深度增加而呈非线性增长[18-20]。

水热型地热供热系统的初投资和项目风险在很大程度上取决于钻探地热井的成本和钻井成功率，其中钻井成功率是关键因素。而地热井的成本主要取决于井深，而井深又取决于地热梯度。钻井成本风险主要取决于地质条件，如岩石性质。对于硬度较高的岩层，钻头消耗量较大。目前，每口地热井初投资在 200 万~800 万元，钻井成本占水热型地热集中供热系统总投资的 20%~35%。

水热型地热集中供热技术方案可行性还取决于地热储层的热力和水力性能。这在地热井钻探之前是不确定的。所钻探的地热井如果拥有足够的采水量和地热水温，且可持续取热多年，则可认为该地热井钻探是成功的。全球 2600 口地热井调研结果表明[18]，78%的地热井取热能力能够达到预测目标，但地热田的第一口钻井不确定性通常较高，其成功率平均约为 50%。

地热井钻探难度大以及成功率低将在很大程度上增大水热型地热集中供热工程的投资风险，进而影响地方政府或企业对水热型地热集中供热工程的投资信心。这些因素在很大程度上影响了中国水热型地热集中供热发展，导致中低温水热型地热资源利用率偏低。

3. 地热水利用过程的结垢与腐蚀[3]

地热水埋藏较深且水温相对较高，易与围岩发生强烈物理和化学反应。地下热水中的阳离子主要为 Na^+ 和 Ca^{2+}，阴离子主要为 Cl^- 和 SO_4^{2-}，呈弱碱性。地热水化学特征不仅反映了地热水与围岩之间的溶解作用，而且还体现了岩浆活动、大气降水入渗以及含水层之间的补给等因素。地热水中所溶解的化学物质成分较多且总量较大，从而导致其矿化度相对较高，水质相对较差。

水热型地热资源开发与利用过程所面临的主要挑战是避免结垢和腐蚀。溶解在地热水中的矿物质浓度通常与储层温度下的岩层处于平衡状态。如果地热水处理或利用工艺参数控制不当，则可能产生结垢和腐蚀现象。当地热水在放热降温、减压或与淡水混合时，地热流体中的某些矿物质因过饱和而逐渐被析出（如二氧化硅、方解石、金属亚硫酸盐、硅酸盐），这将导致地热井井壁、管道和热交换器中产生严重的积垢现象。

为解决地热水矿物质析出与结垢问题，水热型地热集中供热系统设计需要考虑以下因素：

① 避免过度冷却地热水，以防止地热水中的二氧化硅等矿物质析出、结垢。

② 地热水保持相应压力以防止其沸腾而引起 pH 值变化，触发方解石沉淀。

③ 避免地热流体与淡水混合，以防止硅酸镁的析出、沉淀。

结垢现象的发生在很大程度上取决于地热水的化学成分，且不同地热田甚至同一地热田的不同地热井的地热水成分也可能存在较大的差异。

地热工程可采用的主要防结垢方法如下：

① 优化系统设计、控制地热水 pH 值。

② 在介质中加入缓蚀剂。

③ 采用机械法或化学溶解法进行去除。

地热水为碱性流体，易腐蚀管道和热力设备。地热工程通常采用的主要防腐方法如下：

① 选用耐腐蚀金属或非金属换热器。

② 换热器表面涂防腐涂料。

③ 提高密封性能以隔绝外界空气漏入。

④ 加入缓蚀剂以避免腐蚀。

⑤ 采用机械法或化学溶解法除垢。

4. 水热型地热开发利用技术体系不完善

水热型地热资源分布因地质构造、岩浆活动、地层岩性、水文地质条件等因素影响而呈现出空间分布不均衡。部分大型水热型地热田与城镇供热负荷区的空间分布不一致。鉴于热用户采暖温度的需求和地热水温的限制，地热长距离、小温差输送方式将导致一次管网建设投资偏大、运行成本偏高，从而增大水热型地热集中供热系统的运行成本。较高的供热成本将在很大程度上增大该供热工程实施的风险性，进而影响水热型地热集中供热技术可行性。因此，地热长距离经济输送是提高水热型地热田供热能力和地热资源利用率的关键。

水热型地热田因地质条件、储热层岩性以及水文地质条件的影响而具有不同的地热水温。既有的地热井勘探数据表明，水热型地热资源的地热水温分布范围较广。不同的地热田具有不同的水温，甚至同一地热田的不同地热井也具有不同的水温。因此，地热能品位与热用户用热品位需求匹配关系也有可能不一致，从而导致地热资源开发利用难度高低不等。

不同的地热井因复杂的储热层岩性、地热水与储热层复杂接触面分布以及地质构造而具有不同的可持续供热能力。对于地热井，合理取热方法及取热负荷是保持水热型地热资源可持续开发利用的关键。目前，地热取热工艺设计还没有形成统一的指导原则，且水热型地热供热系统集成及运行理论还不完善，难以满足各种用热、地质条件及地热水化学特性等工程条件的多样化建设需求。

由此可见，地热资源空间分布特性、地热取热及利用技术和复杂的能量品位供需匹配关系是当前中国北方城镇水热型地热集中供热发展所面临的主要挑战。

5. 地热开发过程中的问题及负面影响

目前，水热型地热资源开发利用过程由于前端规划或监管缺失不到位而致使部分地区的水热型地热井回灌量不足甚至无回灌，从而导致周边环境严重污染、地热资源开发利用不可持续，甚至导致地面沉降与微地震。

地热水被封闭式埋藏于较深的岩层内，是地球壳体的重要组成之一，具有缓冲地基岩石板块应力的作用。因此，地热水超采将导致地下水资源受到破坏，进而威胁该地带的地理稳定性，容易诱发低强度地震。

地热水中所溶解的气体（如硫化氢、一氧化碳）和悬浮物一旦裸露在大气环境将自然逸出，从而影响周围大气环境，甚至造成人员窒息。地热水温越高，该类有害气体的溶解浓度越高，其对周边大气环境的影响就越大。

此外，地热水还溶解一些有害成分和污染物，如氟。高含氟量的地热尾水排放将导致周边地区的土壤污染，进而影响农作物产品质量。

地热井钻探通常采用水力压裂法以破裂地下岩层、增加岩隙以提高地热水渗透率，是当前提升地热井供热能力的常用方法。此外，地热储层增产工艺可能会引起微地震活动。如瑞士巴塞尔地区，2006—2007 年油藏水力压裂引起近 13000 次微地震，其中震级最高为 3.4 级[18]。因此，地热项目开发过程应强化监测与管理以降低风险。

水热型地热供热技术发展虽然面临上述诸多挑战，但因其节能、环保及经济效益较好而具有较大的吸引力。目前，各国政府均投入大量的资金与人力以解决水热型地热集中供热技术发展与应用过程所面临的各种问题，并制定了一系列财政补贴、税收及贷款优惠等激励政策以促进水热型地热集中供热技术推广应用。

水热型地热集中供热技术发展与应用过程虽然面临着一系列挑战，但也拥有众多的发展机遇。

参考文献

［1］ 中华人民共和国国家统计局 . 国家统计数据［EB/OL］. https：//data. stats. gov. cn/ easyquery. htm? cn＝C01, 2020-09-30.

［2］ 北京市发展和改革委员会 . 关于印发进一步加快热泵系统应用推动清洁供暖实施意见的通知：京发改规〔2019〕1 号［A/OL］. http：//fgw. beijing. gov. cn/fgwzwgk /zcgk/ bwgfxwj/201912/t20191227 _ 1522186. htm, 2019-02-22.

［3］ 王贵玲, 张薇, 梁继运, 等 . 中国地热资源潜力评价［J］. 地球学报, 2017, 38（4）： 449-459.

［4］ 张薇, 王贵玲, 刘峰, 等 . 中国沉积盆地型地热资源特征［J］. 中国地质, 2019, 46 （2）：255-268.

［5］ 宫昊, 罗佐县, 梁海军, 等 . 我国地热资源管理现状及优化研究［J］. 生态经济, 2018, 34（6）：94-99.

［6］ 陈伟, 陈键 . 可再生能源供热系统二级网调峰热源优化配置［J］. 暖通空调, 2019, 49 （6）：87-89, 78.

［7］ ZHU J L, HU K Y, LU X L, et al. A review of geothermal energy resources, development, and applications in China：Current status and prospects［J］. Energy, 2015, 93：466-483.

［8］ 姜毅 . 深层地热能在安阳法院集中空调系统中的应用［J］. 暖通空调, 2009, 39（3）： 33-34.

［9］ 丁永昌 . 中深层地热能梯级利用系统优化研究［D］. 济南：山东建筑大学, 2016.

［10］ 马伟斌, 龚宇烈, 赵黛青, 等 . 我国地热能开发利用现状与发展［J］. 中国科学院院刊, 2016, 31（2）：199-207.

［11］ DENG J W, HE S, WEI Q P, et al. Field test and optimization of heat pumps and water distribution systems in medium-depth geothermal heat pump systems［J］. Energyand Buildings, 2020, 209：10972.

［12］ 孙方田, 程丽娇, 杨昊原, 等 . 基于直燃型吸收式热泵的中深层地热低温供热系统能效分析［J］. 暖通空调, 2017, 47（增 2）：162-164.

［13］ SUN F T, ZHAO J Z, FULL, et al. New district heating system based on natural gas-fired boilers with absorption heat exchangers［J］. Energy, 2017, 138：405-418.

［14］ 汪集旸, 龚宇烈, 陆振能, 等 . 从欧洲地热发展看我国地热开发利用问题［J］. 新能源进展, 2013, 1（1）：1-6.

［15］ 罗佐县, 宫昊, 梁海军 . 我国地热供热发展路线［J］. 能源, 2018（2）：77-80.

［16］ 自然资源部, 等 . 中国地热能发展报告［M］. 北京：中国石化出版社, 2018.

［17］ 周总瑛, 刘世良, 刘金侠 . 中国地热资源特点与发展对策［J］. 自然资源学报, 2015, 30（7）：1210-1221.

［18］ TESTER J W, REBER T J, BECKERS K F, et al. Deep geothermal energy for district heating：lessons learned from the U. S. and beyond［M］. Advanced District Heating and

Cooling (DHC) Systems，Oxford，2016.

[19] MUNOZ M，GARAT P，AQUEVEQUE V F，et al. Estimating low-enthalpy geothermal energy potential for district heating in Santiago basine Chile（33.5 S）[J]. Renewable Energy，2015，76：186-195.

[20] REBER T J，BECKERS K F，TESTER J W. The transformative potential of geothermal heating in the U. S. energy market：A regional study of New York and Pennsylvania [J]. Energy Policy，2014，70：30-44.

2　水热型地热资源禀赋

地热资源是指赋存在地球内部的岩土体、流体和岩浆体中，利用既有的技术手段可被经济开发利用的热能。地热资源按构造成因、热储介质属性、水热传输方式、地热温度以及埋藏深度可划分成不同的类型。地热资源按照构造成因可分为沉积盆地型地热资源和隆起山地型地热资源；按照热储介质属性可分为孔隙型地热资源、裂隙型地热资源和岩溶裂隙型地热资源；按照热传输方式可分为传导型地热资源和对流型地热资源；按照地热温度可分为高温地热资源（温度≥150℃）、中温地热资源（90℃≤地热温度<150℃）和低温地热资源（地热温度<90℃）；按照埋藏深度，地热资源可分为浅层地热能（埋藏深度≤200m）、中深层地热能（200m<埋藏深度≤3000m）和深层地热能（埋藏深度>3000m)[1-2]。

中深层地热资源具有储量大、清洁、稳定性好等特点，是一种可持续开发的清洁能源。中深层地热资源可划分为水热型地热资源和干热岩型地热资源。水热型地热资源是指较深岩层中的地热水或蒸汽中所蕴含的热能，是目前中深层地热资源开发利用的主体。

2.1　水热型地热资源形成机制与特点

水热型地热能主要来自地球深处的熔融岩浆和放射性物质的衰变，通过岩层的热传导、火山爆发、温泉以及其他载热流体运动等方式向地表进行能量传输。

2.1.1　水热型地热资源形成机制

1. 水热型地热田形成条件

水热型地热田的形成通常需要热源、热储层、盖层和热通道四个条件。

热源为岩石中热量的补给来源。其补给形式主要有四种[1-2]：①上地幔中的热流传热；②地壳中半衰期较长的放射性物质衰变生热；③岩浆侵入体的余热；④大断裂的机械摩擦放热。其中，上地幔传热、岩浆侵入放热和放射性物质衰变放热是水热型地热资源中最常见的热源补给方式。

热储层是指蕴含流体中且能量相对富集的地质体，根据地层是否含有地热水可分为水热型热储和干热型热储。孔隙度和渗透率是表征储层性质的两个重要指标[1-2]。较高的孔隙度和渗透率有利于储层内流体运移与能流传输，提高地热开采过程中的水热产出能力。热储层按照水热传热方式和地热系统所处的地质构造环境又被划分为沉积盆地传导型地热储和隆起山地断裂对流型地热储。

盖层是指覆盖在热储层之上的弱透水甚至不透水岩层，具有隔水、隔热作用。水热型热储盖层通常具有上、下两个隔水岩层，从而可有效地将水热型地热资源赋存下来，并尽可能地避免地热能损失。

热通道为地下热储之间的断裂系统，为深部热源向上传导能量提供传输通道，也为热储之间的能量传递提供通道，其形式通常为天然裂隙或深大断裂。断裂构造处因岩石破碎厉害而具有孔隙多、连通性好等特点[1-2]。深大断裂在形成过程中常常伴随岩浆侵入，从而成为地幔物质及热流向上传输的主要通道。深大断裂不仅为深部热量向上传输提供通道，而且还为地热田的地热水补给提供下渗通道。

由此可见，地质水文因素以及热量传输在地热田的热能富集过程中发挥着重要作用。地热田热能富集过程与地壳浅部的年轻岩浆、蒸汽、水在断层或破裂系统内部的水热环流以及热量传递的不规则变化有关。

2. 地热传递方式

地热能可通过热传导、热对流和热辐射方式在介质中进行传递。地壳上部和弱渗透带主要以热传导方式进行热量传递，此时的辐射作用较弱，可忽略不计。地表热流分布主要受对流、边界条件、热参数分布和热源空间分布等因素影响。

（1）地热传导。结构简单的地层如图 2-1 所示。热流在该类地层中的传递规律基本上遵循傅里叶定律。

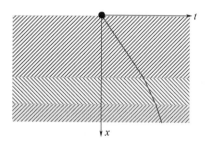

图 2-1　结构简单的地层示意

结构简单的地层三维热传导方程如下：

$$\frac{\partial t}{\partial \tau}=\frac{\lambda}{\rho \cdot c}\left(\frac{\partial^2 t}{\partial x^2}+\frac{\partial^2 t}{\partial y^2}+\frac{\partial^2 t}{\partial z^2}\right) \tag{2-1}$$

三维非稳态地温场的解析过程较烦琐，甚至难以推导出解析解。通常，地层的地温梯度在垂直于地表面的深度 x 方向变化较大，而在其他方向变化相对较小。鉴于此，各个地层可视为半无限大均质物体模型，以用于预测其地温分布。此时，其导热方程可简化为：

$$\frac{\partial t}{\partial \tau}=\frac{\lambda}{\rho \cdot c}\frac{\partial^2 t}{\partial x^2} \tag{2-2}$$

采用过余温度 $\theta(x,t)=t(x,\tau)-t_b$，并将初始条件 $\theta(x,0)=t(x,0)-t_b$ 和边界条件 $\theta(\infty,t)=\theta_0$ 和 $\theta(0,t)=0$ 代入导热方程，然后经拉普拉斯变换，求解各个地层温度场。

各个地层温度场解析解[3-5]为：

$$t(x,\tau)-t_b=[t(x,0)-t_b]\cdot\left[1-\frac{2}{\sqrt{\pi}}\int_0^y e^{-y^2}\mathrm{d}y\right]$$

$$=[t(x,0)-t_b]\cdot\left[1-erf\left(\frac{x}{2\sqrt{a\tau}}\right)\right] \tag{2-3}$$

式中：$y=\dfrac{x}{2\sqrt{a\tau}}$；

$a=\dfrac{\lambda}{\rho\cdot c}$，热扩散率；$\mathrm{m^3/s}$

t——温度，℃；

τ——时间，s；

c——比热容，J/（kg·℃）；

ρ——密度，$\mathrm{kg/m^3}$。

高斯误差函数分布曲线如图 2-2 所示。

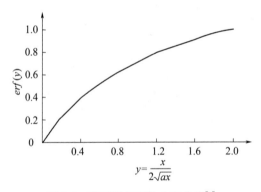

图 2-2　高斯误差函数分布曲线[4]

地温及其梯度分布主要取决于岩石的导热性能、地热水活动性、区域地质构造稳定性及深部地壳结构性质[1-2]。各地区的地温梯度主要取决于区域地质构造、地壳深部结构、岩浆作用及构造活动。区域地质构造能够反映地质结构的组成及活动强度。对于区域地质构造单元，凸起、凹陷及断裂分布将极大地影响深部热量传递，进而影响地温分布。此外，地壳厚度也是影响地温分布的主要因素之一。通常，较厚的地壳将导致地温梯度变小。对于板块碰撞或俯冲地带，地壳岩石的重熔或幔源物质上涌或火山爆发将致使该区域地温异常。不同的岩层组合具有不同的导热热阻，从而影响地温分布。部分岩石蕴含的放射性元素衰变所产生的热量积聚也在很大程度上影响着区域地温分布。温度较低的地热水对地温有降温作用，且该影响随着下渗和径流深度的增加而逐渐变弱，直至水温与岩石温度处于热平衡状态。由此可见，影响地温分布的因素较多，且多个影响因素的综合作用将导致地温分布差异较大。一般而言，地温随深度增加而升高，而地温梯度随深度增加而逐渐减小。当达到一定深度后，地温梯度趋于定值，地温趋于一致。对于地质条件不同的地区，临界深度是不同的，且其地温分布以及地温梯度分布均表征出不同的特点。

总体来看，中国各地区的地温梯度分布呈现出东部高、西部低，南部高、北部低。中国沉积盆地平均地温梯度在 $1.5\sim4.0℃/100m$，平均值约为 $3.2℃/100m$。其中，云南腾冲、北部湾盆地、厦门与汕头、华北平原南部、渤海南端与天津地区、海拉尔盆地、柴达木盆地西边与松辽盆地的地温梯度分布于 $3.0\sim4.0℃/100m$；河淮平原、江汉盆地、河套盆地、汾渭盆地以及银川平原的地温梯度分布在 $2.0\sim3.0℃/100m$；塔里木盆地、准噶尔盆地部分地区与四川盆地西北地区的地温梯度低于 $2.0℃/100m$[3]。

（2）地热对流。地热能也可以通过流体进行对流传输。地下流体在孔隙型岩层中的运动被称为渗流。热流传递模型建立做如下假设[3,5-6]：

① 热储层岩体为均质、各向同性的多孔介质，忽略岩体变形；

② 热储层中的流体为单相流；

③ 忽略热储层中流体渗流运动和岩体变形运动的惯性力、流体的体积力；

④ 流体密度、动力黏度以及岩体与流体之间的对流传热系数恒定；

⑤ 岩层与流体处于热平衡状态；

⑥ 岩体中热量传递仅考虑热传导方式，忽略热辐射作用。

高温岩体变形控制方程为：

$$G \cdot u_{i,kk} + \frac{G}{1-2\nu}u_{k,ki} - \alpha_T \cdot K \cdot T_i - \alpha \cdot p_i + f_i = 0 \tag{2-4}$$

式中：G——剪切模量，Pa；

　　T——温度，K；

　　α——比奥系数，$1-K/K_s$；

　　K——岩体体积模量，Pa；

　　K_s——岩体基质体积模量，Pa；

　　u——位移或速度，m/s；

　　ν——泊松比；

　　α_T——热膨胀系数，1/℃；

　　p_i——流体压力，N；

　　f_i——体积力分量，N。

渗流场控制方程为：

$$\frac{\partial \rho_w \cdot \phi}{\partial t} - \nabla \cdot \left(\frac{k}{u}\rho_w \nabla \cdot p\right) = Q_s \tag{2-5}$$

式中：k——渗透率，D；

Q_s——流体的源汇，kg；

ϕ——孔隙率。

热储层中流体温度场控制方程[6]为：

$$\frac{\partial (\rho_s c_s \Delta T + \rho_w c_w \varphi \Delta T)}{\partial t} = T\alpha K \frac{\partial \varepsilon_v}{\partial t} - \nabla(\rho_w c_w q_w T) + \nabla[(\lambda_s + \lambda_w \phi)\nabla T] + Q_T \tag{2-6}$$

式中：ρ_s——岩体骨架密度，kg/m^3；

λ_s——岩体骨架导热系数，W/（m·℃）。

孔隙率和渗透率模型：

经典的渗流力学在研究多孔介质的渗流特性时通常假设多孔介质骨架不产生变形。对于水热型热储层，地应力、流体压力和温度均随着储层深度增加而发生不同程度的变化，进而导致孔隙率变化。

孔隙率数学描述如下：

$$\frac{1}{1-\varphi}d\varphi = \frac{1}{K_s}dp - \alpha_T dT + d\varepsilon_v \tag{2-7}$$

式中：φ——孔隙率；

ε_v——体积应变。

渗透率与孔隙率方程如下：

$$\frac{k}{k_0} = \left(\frac{\phi}{\phi_0}\right)^3 \tag{2-8}$$

$$k = k_0 \left\{\frac{1}{\varphi_0} - \left(\frac{1}{\varphi_0} - 1\right)e^{-\frac{(p-p_0)}{K_s} + a_T(T-T_0)-(\varepsilon_v - \varepsilon_{v0})}\right\}^3 \tag{2-9}$$

岩层中流体流动的控制方程如下：

$$\rho_w(1-\varphi_0)e^{\left[-\frac{(p-p_0)}{K_s} + \alpha_T(T-T_0)-\varepsilon_v\right]}\frac{1}{K_s} \cdot \frac{\partial p}{\partial t} - \nabla\left(\frac{k}{u}\rho_w \nabla p\right)$$

$$= \rho_w(1-\varphi_0)e^{\left[-\frac{(p-p_0)}{K_s}+\alpha_T(T-T_0)-\varepsilon_v\right]}\left(\alpha_T \frac{\partial T}{\partial t} - \frac{\partial \varepsilon_v}{\partial t}\right) + Q_s \tag{2-10}$$

岩层中流体温度场控制方程如下：

$$C_1 \frac{\partial T}{\partial t} + \nabla(\rho_w c_w vT) - \nabla[(\lambda_s + \lambda_w \phi)\nabla T] + C_2 \frac{\partial p}{\partial t} + (C_2 - T\alpha_T K)\frac{\partial \varepsilon_v}{\partial t} = Q_T \tag{2-11}$$

$$C_1 = \rho_s c_s + \phi \rho_w c_w - \rho_w c_w \alpha_{ts} \Delta T(1-\phi_0)e^{-\frac{(p-p_0)}{K_s}+\alpha_T(T-T_0)-\varepsilon_v} \tag{2-12}$$

$$C_2 = \frac{\rho_{\mathrm{w}} c_{\mathrm{w}} \alpha_{\mathrm{T}} \Delta T (1-\phi_0)}{K_{\mathrm{s}}} \mathrm{e}^{-\frac{(p-p_0)}{K_{\mathrm{s}}} + \alpha_{\mathrm{T}}(T-T_0) - \varepsilon_{\mathrm{v}}} \tag{2-13}$$

$$C_3 = \rho_{\mathrm{w}} c_{\mathrm{w}} \alpha_{\mathrm{T}} \Delta T (1-\phi_0) \mathrm{e}^{-\frac{(p-p_0)}{K_{\mathrm{s}}} + \alpha_{\mathrm{T}}(T-T_0) - \varepsilon_{\mathrm{v}}} \tag{2-14}$$

式中：C_1——代表单位体积岩体温度变化率为 1K/s 时的岩体内能增量；

C_2——代表单位体积岩体压力变化率为 1K/s 时的岩体内能增量；

C_3——代表单位体积岩体应变变化率为 1K/s 时的岩体内能增量。

上述控制方程通过傅里叶变换及逆变换可求解一维温度场和压力场：

$$T(x,t) = T_{\mathrm{a}} + 2 \frac{1}{h} \sum_{i=0}^{\infty} \frac{1}{\xi} (\varphi_{11} \mathrm{e}^{-\gamma_{11} \cdot \xi^2 \cdot t} + \varphi_{12} \mathrm{e}^{-\gamma_{12} \cdot \xi^2 \cdot t}) \sin[\xi(h-x)]$$
$$\tag{2-15}$$

$$p(x,t) = 2 \frac{1}{h} \sum_{i=0}^{\infty} \frac{1}{\xi} (\varphi_{21} \mathrm{e}^{-\gamma_{21} \cdot \xi^2 \cdot t} + \varphi_{22} \mathrm{e}^{-\gamma_{22} \cdot \xi^2 \cdot t}) \sin[\xi(h-x)] \tag{2-16}$$

对于传导型地热田，地温分布主要取决于深部地壳结构和区域地质构造的稳定性以及岩石的性质，其地温梯度约 4℃/100m；对于对流型地热田，地质构造活动所形成的裂隙及深大断裂为地下流体传输能量提供了上升通道，可形成数平方公里甚至数百平方公里的地热分布异常区。对流型地温场是在热传导基础上叠加深部热流体上升的热对流作用下形成的，其地温梯度通常大于 4℃/100m[3]。

大地地表热流值可采用傅里叶定律进行粗略计算。其计算公式如下[2,7]：

$$q_x = \int \lambda \frac{\partial t}{\partial x} = \frac{\partial t}{\sum (\partial x / \lambda)} \tag{2-17}$$

各地区的地热资源分布因其地热源、导热通道、地层热传导性能和透水性能不同而呈现出显著的非均匀性分布特点。地表热流密度值一般分布在 30～80mW/m²。中国各构造区的地表热流分布很不均匀。对于藏南地区、滇西和东部沿海，地表热流密度值为 90～150mW/m²；对于藏北地区和台湾地区，地表热流密度值分布于 80～90mW/m²；对于中部鄂尔多斯盆地、四川盆地、南方沿海盆地、东部的华北南部、松辽盆地北部、渤海湾盆地以及海尔盆地，地表热流密度值分布于 55～80mW/m²；对于塔里木盆地、准噶尔盆地、四川盆地北部、松辽盆地北部以及三江盆地，地表热流密度值分布在 30～50mW/m²[3,7]。

3. 地热系统分类

地热系统是指与地热田相关的地热水文系统，包括地下热水或蒸汽，涉及所有岩石、构造、热源等。地热系统根据热量传递方式可分为对流型地热系统和传导型地热系统。

对流型地热系统和传导型地热系统的热能传输示意如图 2-3 所示。

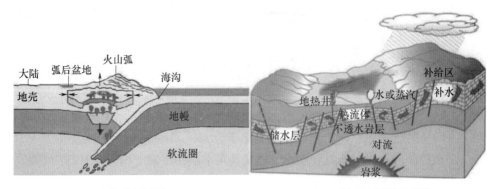

（a）对流型地热系统　　　　　　　　（b）传导型地热系统

图 2-3　对流型和传导型地热系统示意

（1）对流型地热系统。对于对流型地热系统，大气降水以及地表水在补给区的高处通过断层或断裂破碎带向下渗透并进行深部循环。地热水在流动过程中吸收围岩热量，形成不同温度的热水，而围岩通过底部热传导补给热量以维持相对恒定的地温。地热水受压从补给区下渗，当下渗到一定深度后再转为上升，并在断裂交汇或构造侵蚀有利部位以温泉等形式排放至地表，从而形成一个环流系统。

对于低裂隙率环境介质中的环流系统，地热水在地形高差以及水力压差的作用下通过岩层的破碎带或局部裂隙交汇破碎导水带进行深部循环，从而在地下径流过程中吸收岩体热量以形成中低温热水。通常，该环流系统的热水循环深度越大，地热水循环量越小，地热水温度越高。

对于高孔隙或高渗透性环境介质的环流系统，地热流体拥有一定的储存和运移空间，有条件形成高温热储层，尤其是其上部覆盖渗透性差和热导率小的盖层。新近浅层侵入岩浆体是该类系统的较理想热源，可提供大量热能。通常，规模大、温度高的岩浆体可在很短时间内将赋存一定数量地热水的热储层加热成为干蒸汽田；规模小、温度低的岩浆体在很长时间内只能将赋存大量地热水的热储层加热为中低温热水。该类地热系统大多发育在花岗岩岩体等结晶基岩中，其盖层较薄甚至没有松散盖层，其隔热保温效果较差，极少形成层状热储。

（2）传导型地热系统。幔源热和地壳中放射性元素衰变所产生的热能通常通过岩石以热传导方式传递至地表，其地温分布取决于深部地质结构和区域地质结构稳定性及岩石性质。对于高孔隙率和高渗透率沉积盆地的地热系统，断裂构造通常控制盆地第四系沉积环境及厚度，使得热储层具有良好的盖层，且深大断裂可成为深部热源能量传递的良好通道。沿裂隙局部地段上涌的超常热流对地热田的形成起着关键的加速作用。在此条件下，地温以导热断层的局部地段为中心，向边界方向逐渐衰减。

对于高温、低渗透率环境的炽热岩体地热系统，干热岩型中的原岩浆体虽然不是熔融状态，但其温度仍很高，因此蕴藏着丰富的热能。岩浆型岩体温度一般分布于 650～1200℃，其埋藏较深，开发利用难度较大。通常，该类地热能采用人造地热水循环系统的方法从原岩浆体中取出热能，并加以利用。

地热系统可根据地热资源性质及赋存状态分为水热型、干热岩型、地压型和岩浆型。其中，水热型地热资源是目前地热资源开发利用的主体；干热岩型地热资源的开发利用刚起步，目前处于研究和试验阶段。

（1）水热型地热系统。水热型地热资源是指地下热储中以水或蒸汽为主的对流热系统。其热载体中含有 CO_2、H_2S 等不凝性气体，具有较强的腐蚀性。

（2）地压型地热系统。地压型地热资源的热储层深埋在 2000～3000m，是新近纪滨海盆地碎屑沉积物中的地热资源[1,3]。滨海盆地的退覆地层因上覆的粗粒沉积砂的质量超过下浮泥质沉积层的承重能力，导致砂体下沉，从而产生一系列与海岸近乎平行的增生式断层。在此条件下，沉砂体被周围透水性差的泥质层包围，其中的孔隙水也被圈闭，并致使其地热水补给困难。沉砂体中的孔隙水在上覆沉积层压覆作用下积蓄较大的水压能，从而形成超压力区。

该型地热资源具有较高的井口压力（28～42MPa）和较高的温度（150～260℃），其能量包括热能、烷烃气体化学能以及异常高的压力势能。

（3）干热岩型地热系统。干热岩型地热是指蕴藏在地球深部岩层中的天然热能，其埋深较大、温度较高、含水较少，具有品位较高、储量较大的特点，但其开发利用难度较大。

（4）岩浆型地热系统。岩浆型地热资源是指储存在熔融状和半熔融状岩浆体中的巨大热能，主要分布在一些多火山地区。其埋深较大、能量储量较大、能量品位较高，但在当前的技术条件下还不能被大规模地直接开发利用。

中国中深层地热资源分类及特征见表 2-1。

表 2-1   中国中深层地热资源分类及特征[8-10]

地热类型	水热型地热资源 埋深（200～3000m）			干热岩 埋深（>3000m）			
	岩浆型	隆起 断裂型	沉降 盆地型	强烈构造 活动带型	沉积 盆地型	高放射性 产热型	近代 火山型
热源	地壳浅部岩浆火山岩浆囊	深循环对流	深循环热对流正常热传导	高温熔融体机械热能	放射性物质、有机质降解	地球深部传热、放射性物质	高温熔融体
水源	大气降水、少量岩浆水	大气降水、近海岸海水	大气降水、古沉积水	无或少量沉积水、岩浆水	无或少量大气降水、沉积水	无或少量沉积水	无或少量岩浆水、沉积水
水热传导方式	对流为主	对流为主	对流为主	对流	对流、传导	传导为主	对流

续表

地热类型		水热型地热资源 埋深（200～3000m）			干热岩 埋深（＞3000m）			
		岩浆型	隆起 断裂型	沉降 盆地型	强烈构造 活动带型	沉积 盆地型	高放射性 产热型	近代 火山型
通道条件		断裂发育	断裂发育	深部断裂可能发育	深部大型活动断裂	隐伏断裂	深部断裂可能发育	断裂可能发育
储集特征	热储	火成岩、沉积岩、松散沉积岩	花岗岩、变质岩、沉积岩	碳酸盐类沉积岩、砂岩	花岗岩	花岗岩、河湖相堆积物	大型中生代酸性花岗岩	花岗闪长岩、裂隙构造破碎带
	热储空隙类型	裂隙型为主，部分孔隙型	裂隙型为主，部分孔隙型	碳酸盐岩熔裂隙型、砂岩孔隙型	无或有天然孔隙、裂缝	无或有天然孔隙、裂缝	无或有天然孔隙、裂缝	无或有天然孔隙、裂缝
	热储形状	带状为主，部分为层状	条带状分布，面积较小	层状兼带状，面积较大	块状热储为主	层状或块状为主	块状为主	层状或块状
	温度	＜25℃	＞150℃	40～150℃	＞150℃	＞150℃	＞150	150～300℃
盖层		火山岩、矿物沉淀及水热蚀变自封闭、沉积岩	大多数无盖层，少数薄层第四系松散沉积	巨厚中新生代碎屑沉积	三叠系砂岩、新近系泥岩	沉积岩	沉积岩或无	新近系砂岩、泥岩火山岩、沉积岩

2.1.2 中深层地热资源特点

1. 中深层地热资源空间分布不均

中深层地热是指埋深一般在800～3000m的地下热能，其温度处于25～100℃。中深层地热田是指地质构造活动所产生的大断裂、裂隙等而为地幔热能以及放射性物质衰变所产生的热能向地表传输提供通道，导致该区域地温异常，形成地热热流密度值较大地热能富集区。地热资源的分布是不平衡的，尤其是高温地热资源。全球的高温地热资源分布不均一性较为明显，主要分布于大地构造板块边缘的狭窄地带，形成了四个著名地热带[7-10]：①环太平洋地热带；②地中海—喜马拉雅地热带；③红海—亚丁湾—东非裂谷地热带；④大西洋中脊地热带；中国的高温地热带分布主要集中在两个地区[7-10]：①藏南—川西—滇西地区；②台湾地区。中国的中低温地热资源主要位于板块内部的大陆地壳隆起区和地壳沉降区。其中，地壳隆起区位于东南沿海地带的海南、广东、福建、湖南南部及江西东部等地；板块内部地壳沉降区分布在中、新生代沉积盆地，如华北平原、松辽盆地、鄂尔多斯盆地、汾渭盆地、准噶尔盆地、塔里木盆地和柴达木盆地等[7-10]。不同地区因其地质构造活动以及地质条件差异而导致其地温以及地热热流在深度方向分布不均匀。

由此可见，中国水热型地热资源空间分布是不均匀的。水热型地热田面积小至几平方公里，大到几十平方公里，其地热资源赋存量较大。当前，多数水热型地热田与城镇供热负荷区的空间分布不一致，致使地热长距离输送成本偏高，从而导致开发水热型地热能用于城镇建筑采暖较为困难。

2. 中深层地热能品位差异大

中深层地热田是地热富集区域，但其能量品位取决于其地质构造活动状况、地质条件和岩层结构。对于不同地区，相同埋藏深度的地热温度可能是不同的，且不同地热田的地热热流密度值大小也不同。对于一些地质复杂的地热田，不同地热井的地热温度也可能是不同的，其持续取热强度大小也是不等的。由此可见，不同的中深层地热田的地热能品位是不同的。对于不同地区，同一钻井深度的地热水温度可能是不同的，甚至在同一地热田内，相同深度的地热井水温也存在较大的差异。因此，开发中深层地热资源用于北方城镇建筑采暖的技术需求是多样化的。这将致使中深层地热集中供热系统集成及运行策略较为复杂。

3. 热储载体性质差异大

热储层根据地层是否含有地热水可分为水热型热储和干热型热储。不同的储热载体具有不同的储热能力。中国的中深层地热资源以水热型地热资源为主。对于水热型地热田，孔隙率和渗透率是表征地热取热潜力的主要指标。孔隙率较高、渗透率较大的储层拥有较高的流体运移能力，因此该热储层的水热产出能力较高。鉴于此，对于水热型地热田，其热岩储层的开发是通过水力压裂等储层刺激手段将地下深部低孔隙率、低渗透率岩体改造为渗透性较高的人工储层构造，并利用地热水循环提取地热能。

水力压裂就是利用地面高压泵向井底挤注高压水，当高压水压力超过岩石的破裂压力时，岩体在垂直最小地应力的方向产生许多裂隙，从而提高热储层孔隙率和渗透率。此外，还可采用化学以及爆炸的方法来建立人工热储层构造。目前，水力压裂方法是干热型地热资源开发的主要手段。

中国的中深层地热资源以水热型地热为主，地热水温度一般分布在50～95℃。中国的水热型地热资源主要分布于华北平原等15个沉积型盆地和山地的断裂带上。沉积型盆地因其储热条件好、储层多、厚度大、分布广和热储量大的特点而具有较大的地热资源开发潜力。

相对于浅层地热资源，中深层地热资源具有埋深大、温度高、地热热流密度值大以及负荷供应稳定性强的特点。相对于深层地热资源，中深层地热埋深浅、地热温度低、地热空间分布不均性较大，但开发难度相对小。从热量品位来看，中深层水热型地热能品位较匹配；从地热资源稳定性来看，中深层水热型地热资源也较适合；从地热资源勘探的经济效益来看，中深层水热型地热资源也是一种较理想的集中热源。

综合来看，中深层水热型地热资源是一种理想的清洁型集中热源，但其地热空间分布以及地热品位分布不均匀，且其钻探难度较大，具有较大的风险性。

2.2 水热型地热资源分布

全球地热资源可开发利用总量约折算为 5.0×10^{15} 吨标准煤，中国水热型地热资源总量约折算为 1.3 万亿吨标准煤，其中主要沉积型盆地地热资源储量约占中国地热总储量的 85%，每年可开采的地热资源总量约折算为 17 亿吨标准煤[9-12]。

2.2.1 全球中深层地热资源分布

全球地热资源量空间分布极不均匀。其中高温地热资源主要分布于板块生长、开裂的大洋扩张脊和板块碰撞、衰亡的消减带区域，中低温地热资源主要分布于板块内部，尤其是板块的由褶皱山系及山间盆地等构成的地壳隆起区和以中、新生代沉积盆地为主的沉降区内。

全球高温地热资源主要分布在四个著名地热带[9-10]：①环太平洋地热带；②地中海—喜马拉雅地热带；③红海—亚丁湾—东非裂谷地热带；④大西洋中脊地热带，如图 2-4 所示。

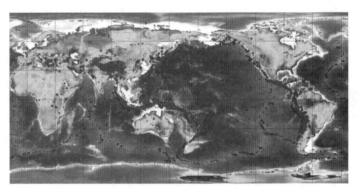

图 2-4　全球地热资源分布示意

环太平洋地热带位于太平洋板块与美洲、欧亚、印度板块的碰撞边界，具有显著的高热流、年轻的造山运动和活火山活动特征，其地热温度分布在 250～300℃[9-12]。该地热带分布范围包括阿留申群岛、堪察加半岛、千岛群岛、日本、中国台湾、菲律宾、印度尼西亚、新西兰、智利、墨西哥以及美国西部。

地中海—喜马拉雅地热带位于欧亚、非洲及印度洋等大陆板块碰撞的接合地带，具有造山运动年轻、现代火山作用、岩浆侵入以及高热流等特征，其热储温度一般在 150～200℃[9-12]。该地带分布范围西起意大利，向东经土耳其、巴基斯坦进入中国西藏阿里地区，然后向东经雅鲁藏布江流域至怒江而后折向东南，至云南的腾冲。

红海—亚丁湾—东非裂谷地热带位于阿拉伯板块与非洲板块的边界,具有高热流、现代火山作用以及断裂活动特征,其热储温度高于200℃[9-12]。该地带分布范围自亚丁湾向北至红海,向南与东非大裂谷连接,包括吉布提、埃塞俄比亚、肯尼亚等国的地热田。

大西洋中脊地热带位于美洲、欧亚大陆、非洲等板块的边界,具有高温地热活动和活火山活动特征,其热储温度多在200℃以上,其大部分在洋底,包括冰岛克拉夫拉、纳马菲亚尔和雷克雅未克高温地热田[9-12]。

目前,欧美中深层地热勘测数据相对完善,可为城市能源规划提供数据支持。

2.2.2　中国地热资源分布特点

中国处于欧亚板块的东南部,东部与太平洋板块相连,西南部与印度板块相连,形成了特有的地质构造和大地构造,广泛发育的中、新生代沉积盆地蕴藏丰富的地热资源[2-3]。中国地热资源分为高温地热资源和中低温地热资源。其中,高温地热资源主要分布在处于印度板块、太平洋板块和菲律宾板块夹持地带,包括西藏南部、四川西部、云南西部和中国台湾[8-12]。中国中低温地热资源广泛分布于板块内部的大陆地壳隆起区和地壳沉降区。其中,地壳隆起区发育有不同地质时期所形成的断裂带,为地热水运动和上升提供良好的通道,该区域包括江西东部、湖南南部、福建、广东及海南省等地;地壳沉降区发育了中、新生代沉积盆地,如松辽盆地、华北平原、鄂尔多斯盆地、汾渭盆地、苏北盆地、准噶尔盆地、塔里木盆地、柴达木盆地和四川盆地[8-12]。

中国地热资源以沉积型盆地地热资源为主。沉积型盆地是传导型地热资源,主要分布在中生代以后形成的断、坳陷型沉积盆地中,其分布具有明显的规律性和地带性[8-12]。总体而言,沉积型盆地地热资源的空间分布是不平衡的,如图2-5所示。

图2-5　中国沉积型盆地地热资源空间分布

1. 松辽盆地

松辽盆地位于中国东北部，四周为山地和丘陵，跨越黑龙江省、吉林省、辽宁省和内蒙古自治区，其面积约 260000km²。

松辽盆地是中生代裂谷盆地，其中、新生界沉积厚度超过 10000m，包括侏罗系、白垩系（厚约 7000m）、第三系（厚约 500m）和第四系（厚约 130m）。盆地断裂发育且岩浆沿断裂侵入[2-3,12]。盆地可分为中央坳陷、北部倾没、西部斜坡、西南隆起、东南隆起和东北隆起（图 2-6），其中盆地外缘地带的砂岩储层厚、富水性强，而盆地中部的中央坳陷岩性细化，储层富水性弱。松辽盆地基底主要由片岩、片麻岩、千枚岩等变质岩和花岗岩组成[2-3,12]。

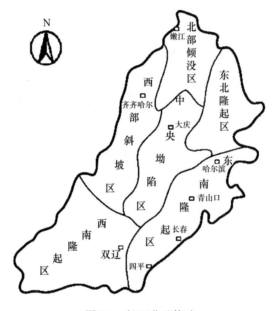

图 2-6　松辽盆地构造

松辽盆地地温梯度及温度分布如图 2-7 所示。1000m 深度的地温具有中部高、边缘低的特点，其地温分布在 40～50℃；松辽盆地 2000m 深度地温也具有中部高、周围低的特点，其地温分布在 75～85℃；松辽盆地 3000m 深度地温也具有中部高、周围低的特点，其地温分布在 90～110℃[3,12]。

松辽盆地地温梯度随着深度增加而减小，其平均值约 3.8℃/100m；其地表热流密度值分布在 40～90mW/m²，平均为 70mW/m²[3,12]。总体来看，地温梯度中心的热流密度值较高，四周热流密度值较低。

松辽盆地的热水储层为白垩系中统上段及上统的砂岩层构成，其上覆新生界含水层埋藏浅，下伏于白垩系中统上段的以下各层富水程度低，其地热资源总量约为 4.86×10^7GJ，约折算为 166 万吨标准煤[10-11]。

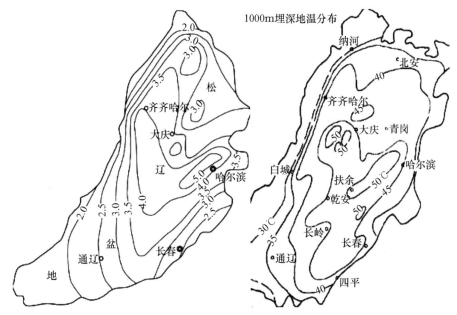

图 2-7　松辽盆地地温梯度及温度分布

2. 华北平原

华北平原北邻燕山，西邻太行山及伏牛山，南靠大别山，东邻山东丘陵及渤海之滨，形成三面环山、中部低平、微向东北倾斜的半开口型盆地，其基底由古生代地层、前震旦系的结晶构成。该区域覆盖河北省、山东省、河南省以及江苏省与安徽省部分地区（图 2-8），其面积约 200000km²。

华北平原地质构造可以黄河为界分为南北两个部分。盆地北部由沧县、埕宁及内黄三个隆起和冀中、黄骅、济阳、临清、渤中五个坳陷构成；盆地南部由尉氏—商丘隆起、开封坳陷和宝丰—沈丘坳陷构成。

华北平原的中、新生代地层厚度约 10000m，在第三系地层中夹有多层火山喷发的玄武岩层；在济阳和临清、开封和宝丰—沈丘坳陷内第三系沙河街组地层中，含有厚碳酸盐岩层发育[2-3,12]。中上元古界是含有巨厚的白云质碳酸盐岩及硅质碳酸盐岩的地层；下古生界寒武系、奥陶系含有厚层灰岩及白云质灰岩层；碳酸盐岩主要集中在中、上元古界的高于庄组、雾迷山组，寒武系的府君山组和张夏组，奥陶系的亮甲山组、马家沟组和峰峰组[2-3,12]。

对于华北平原，埋深 1000m 的地温分布在 40～45℃；埋深 2000m 的地温分布在 70～80℃；埋深 3000m 的地温分布在 90～100℃。华北平原地温梯度自北部向中部和南部由高至低展开（图 2-9），大部分呈条带状沿北东方向或北北东方向延伸。北部及东部地温梯度分布在 3.3～3.5℃/100m，中部地温梯度分布在 3.0～3.3℃/100m，南部地温梯度分布在 2.5～3.0℃/100m。[3,12]

图 2-8　华北平原地热资源分布

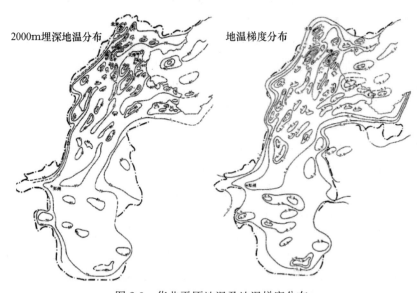

图 2-9　华北平原地温及地温梯度分布

华北平原水热型地热资源总量约 $6.0×10^8$ GJ，约折算为 2030 万吨标准煤[10-11]。

3. 苏北平原

苏北平原是中、新生代断陷盆地，北邻淮阴—响水断裂，南邻南京—南通 EW 向构造带，西邻郯庐断裂，东邻南黄海盆地，包括江苏省北部和安徽省天长地区，面积约 36000km²，如图 2-10 所示。

图 2-10　苏北平原区域分布

苏北平原主要由东台坳陷、建湖隆起和盐阜坳陷三个构造单元构成，其基底上为古生界海相碳酸盐岩为主的碎屑岩层，中生界是以陆相碎屑沉积岩为主要成分的岩层[2-3,12]。盆地第三系发育齐全，沉积岩层厚达 6000m，其中下第三系以湖相沉积为主，夹带河流相继海陆过渡相堆积；上第三系以河流相沉积为主，主要由砂砾岩和杂色黏土岩构成[2-3,12]。

苏北平原新生界盖层地温梯度分布在 2.7～5.0℃/100m，平均地温梯度达 3℃/100m，地热热流密度分布在 55～83mW/m²，1000m 埋深的地温分布在 43～60℃[3,12]。其高热流密度值主要分布在凸起区，低热流密度值主要分布在凹陷区。

苏北平原因储层条件好以及地热水补给充足而拥有较丰富的低温热水资源，其水热型地热资源总量约 1.82×10⁸GJ，约折算为 618 万吨标准煤[13]。

4. 鄂尔多斯盆地

鄂尔多斯盆地西邻桌子山和太绕山，东邻吕梁山麓至晋、陕之交的黄河两岸，北邻伊克昭盟北部的库布齐沙漠，南邻渭河谷地北山至陇县，跨越内蒙古自治区、陕西省、甘肃省和山西省，其面积约 320000km²，如图 2-11 所示。

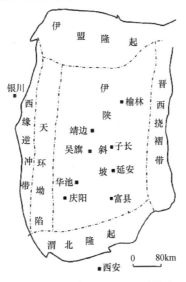

图 2-11　鄂尔多斯盆地区域分布

盆地内部断裂不发育，构造活动较弱，其构造是在太古界及下元古界基础上发育而成的以古生界为基底的巨厚中生界构成的大型单斜台地[2-3,12]。

鄂尔多斯盆地以中生界后岩层为主，中生界之下为下古生界碳酸盐岩层，下白垩统志丹群具有良好的透水性和储水特性，热水富集性良好。盆地埋深较大的砂岩和砂砾岩含水层水温分布在 50～70℃，但其地热水含盐量较大。其埋深 1000m 地温分布在 35～40℃，埋深 2000m 地温分布在 50～60℃，埋深 3000m 地温分布在 80～90℃[3,12]。鄂尔多斯盆地地温梯度主要分布在 2.5～3.0℃/100m，且其地温梯度随着深度增加而减小。

鄂尔多斯盆地的地温梯度及 1000m 埋深地温分布如图 2-12 所示。

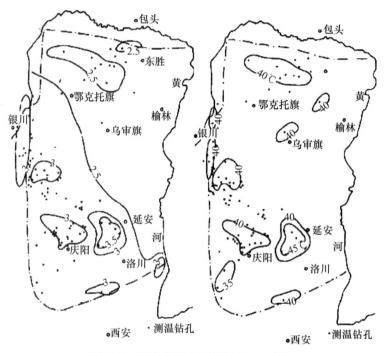

图 2-12 鄂尔多斯地温梯度及地温分布

鄂尔多斯盆地拥有水热型地热能资源量约 9.03×10^7 GJ，约折算为 308 万吨标准煤[10-11]。

5. 柴达木盆地

柴达木盆地北邻阿尔金山、祁连山，南邻昆仑山，其周围被高山环绕，面积约 110000km²，其分布如图 2-13 所示。

盆地基底为元古界和古生界，中部是中、新生代沉积坳陷区，西部是中、新生代坳陷区，东北部是中新生代断坳区，因受频发的地质活动影响而致使其边缘断裂发育，在断陷区和坳陷区之上覆盖较厚的新生代沉积盖层[2-3,12]。

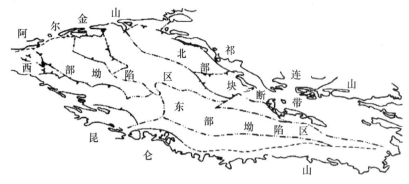

图 2-13 柴达木盆地区域分布

柴达木盆地地温梯度分布在 2.1～3.3℃/100m，平均约为 2.7℃/100m，其地温梯度随深度变化较为明显，且不同地区的地温梯度变化不一致。对于柴达木盆地，1000m 埋深地温分布在 30～50℃；2000m 埋深地温分布在 40～80℃；3000m 埋深地温分布在 60～110℃[3,12]。柴达木盆地地温特征为中部高、边缘低。其地温 2000m 地温分布如图 2-14 所示。

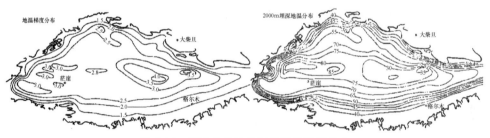

图 2-14 柴达木盆地地温梯度及地温分布

柴达木盆地拥有水热型地热资源量约 $1.28×10^8$ GJ，约折算 437 万吨标准煤[10-11]。

6. 准噶尔盆地

准噶尔盆地位于新疆北部，南邻天山，东邻北塔山及克拉美丽山上，西邻准噶尔界山，北邻阿尔泰山，面积约 140000km²。准噶尔盆地是以古生代地层为基底的断块盆地，具有较厚的古生代及中、新生代以碎屑石为主，并含有灰岩和火山熔岩的地层，其内部构造活动微弱[2-3,12]。准噶尔盆地地质构造如图 2-15所示。

准噶尔盆地地温分布具有中部高、边缘低的特点。1000m 埋深地温分布在25～40℃；2000m 埋深地温分布在 50～60℃；3000m 埋深地温分布在60～80℃；克拉玛依—乌尔禾断裂以西地区的地温梯度分布在（1.8～1.9℃）/100m，克拉玛依—乌尔禾断裂以东地区的地温梯度分布在（1.9～2.0℃）/100m[3,12]。

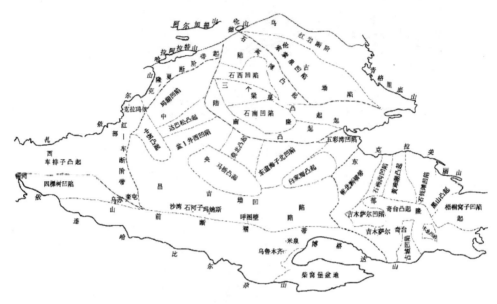

图 2-15　准噶尔盆地地质构造分布

准噶尔盆地地温梯度及 2000m 地温分布如图 2-16 所示。

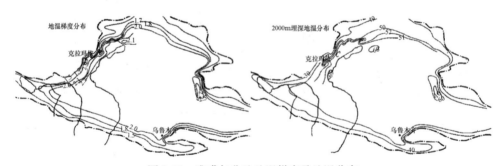

图 2-16　准噶尔盆地地温梯度及地温分布

准噶尔盆地拥有水热型地热能总量约 6.84×10^6 GJ，约折算为 23.3 万吨标准煤[10-11]。

7. 塔里木盆地

塔里木盆地北邻天山，南邻昆仑山及阿尔金山，西邻帕米尔高原，东部与苏勒河谷地、河西走廊相通，面积约 56000km²。其地质构造如图 2-17 所示。

塔里木盆地是以元古界为基底的稳定断块，其基底之上覆寒武—奥陶系碳酸盐岩以及少量砂泥岩[2-3,12]。塔里木盆地西部英吉砂坳陷、东部台拗、北部库车坳陷地温相对较高、边缘地温较低。对于塔里木盆地，1000m 埋深地温分布在 35~40℃；西部和东部的局部地区 2000m 埋深地温相对较高，分布在 60~65℃，

图 2-17 塔里木盆地地质构造

其余地区 2000m 埋深地温相对较低，分布在 50～55℃；西部和东部的 3000m 埋深地温分布在 75～85℃，其余地区地温分布在 70～75℃[3,12]。塔里木盆地大部分地区的地温梯度分布在 1.8～2.0℃/100m，铁杆里克构造区地温梯度高于 2.5℃/100m。

塔里木盆地地温梯度分布及 2000m 地温分布如图 2-18 所示。

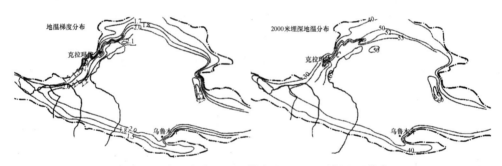

图 2-18 塔里木盆地地温梯度及 2000m 埋深地温分布

塔里木盆地拥有水热型地热能总量约 1.6×10^6 GJ，约折算为 5.46 万吨标准煤[10-11]。

在当前的地热勘测技术条件下，中国北方地区主要沉积型盆地地热资源测量见表 2-2。[8,14-15]

表 2-2 中国主要盆地（平原）水热型地热资源量[10-12]

地热带名称	面积（km²）	热储岩性	折算标准煤（万 t）
松辽盆地	144400	白垩系中、上统	339.2
华北平原	9000	明化镇组、馆陶组、古潜山碳酸岩	2470.0
苏北平原	31750	新近系	169.2
鄂尔多斯盆地	159600	下白垩系、侏罗系、三叠系、二叠系	870.8
柴达木盆地	110000	古近系、古生界	437.0

续表

地热带名称	面积（km²）	热储岩性	折算标准煤（万 t）
准噶尔盆地	140000	古近系、古生界	23.3
塔里木盆地	56000	古近系、古生界	5.4

主要沉积盆地地热资源分布见表 2-3。

表 2-3　主要沉积盆地地热资源分布[10-12]

温度范围	地热资源储量		地热资源可利用量	
	折算标煤（万 t）	百分比（％）	折算标煤（万吨）	百分比（％）
25～40℃	$8.68×10^6$	8	$1.72×10^6$	10
40～60℃	$2.27×10^7$	22	$4.35×10^6$	24
60～90℃	$3.21×10^7$	30	$5.42×10^6$	30
90～150℃	$4.24×10^7$	40	$6.53×10^6$	36
>150℃	$1.15×10^5$	0	$2.86×10^4$	0

由表 2-3 可知，中国可开采利用的中低温地热能约占总地热能的 90％，是中深层沉积型地热资源开发利用的主体。

2.3　水热型地热水特征

地热水埋藏较深，长期储存在较封闭的环境，且其温度相对较高、径流途径较长，与围岩反应较强烈，故其中所溶解的多种化学物质总量较大、矿化度较高、水质较差。

2.3.1　热储层地热水化学特征

地热水水质受补给、径流、排泄条件及地质构造的控制而发生变化。盆地山前地带是地热水的补给区，同时也是地表水和大气降水渗滤的交替区域，因此其通常为低矿化度的 HCO_3^- 型热水；在盆地中心的径流过渡地区，地热水径流交替强度逐渐变小，从而导致矿化度逐渐增大，水中 Cl^-、SO_4^{2-} 等离子含量增多；在盆地中心的排泄区，地热水类型转变为 Cl—Na 型、Cl—Ca 型，其矿化度通常高于 1g/L[10,12,16]。因此，沉积型盆地地热水从山前到盆地中部、由浅层热储到深部热储，其化学类型通常由 HCO_3—Na 型、HCO_3·Cl—Na 型低矿化度地热水过渡为 Cl·CO_3—Na 型地热水，最终转变为 Cl—Na 型高矿化度地热水[10,12,16]。

中国沉积型盆地因地质构造、化学组分等不同，且其地热水补给、径流、排泄条件也不尽相同，因此各个盆地热储的地热水化学性质及特征存在较大的差异。

1. 新近系—古近系热储[10,12,16]

新近系热储具有埋藏深度较浅、热储温度相对较低的特点，其储层主要由松散的砂、砾岩和砂岩构成，因此其透水性较好，水流通能力较强，进而致使其地热水矿化度较小、水质较好。华北平原的新近系明化镇组、馆陶组、古近系东营组热储均属于新近系—古近系热储。

华北平原新近系明化镇组为半开启的地热系统环境，地热水交替强烈，因此其大部分地区的地热水矿化度分布在 1.0～4.0g/L，水化学类型为 HCO_3—Na型，pH 值分布在 7.22～8.98，呈弱碱性。馆陶组为半封闭的地热系统环境，地热水化学类型为 Cl·HCO_3—Na 和 Cl—Na 型，大部分地区的地热水矿化度分布在 2.0～6.0g/L，pH 值分布在 7.10～8.75，呈弱碱性。东营组为较封闭的地热系统环境，地热水化学类型为 Cl—Na·Ca 型和 Cl—Na，地热水的矿化度相对较高，pH 值分布在 6.90～7.10，接近中性。

2. 白垩系热储[10,12,16]

白垩系热储埋藏深度变化较大，主要由砂岩、泥岩和页岩构成，地热水矿化度相对不高，低于 10g/L，其水质相对较好。鄂尔多斯盆地白垩系洛河组热储就属于白垩系热储。

该型热储受地热水径流条件限制，以盆地中部的分水岭为界，分水岭两侧以低矿化度的 HCO_3^- 型地热水为主，然后随路径的增长而逐渐转变为 HCO_3·Cl型、HCO_3·SO_4型和 SO_4·Cl 型。在部分地区，白垩系洛河组岩层因裸露或埋藏较浅而导致其地热水矿化度相对较低。

3. 二叠—三叠系热储[10,12,16]

二叠—三叠系热储层岩性以石灰岩为主，其埋藏深度变化较大，水循环能力相对较差，矿化度相对较高。四川盆地三叠系雷口坡组、嘉陵江组与二叠系茅口组的地层埋藏较深，地热水环境相对封闭，属于二叠—三叠系热储；地热水长距离径流后由 SO_4—Ca 型和 SO_4Ca·Mg 型逐渐转变为 Na—Cl 型，其矿化度高达 200g/L。

4. 寒武—奥陶系热储[10,16]

寒武—奥陶系是岩溶热储层，其埋藏深度变化较大，其岩性以碳酸盐岩为主，具有较强的地热水流通能力，因此其地热水水质相对较好，矿化度相对较低。河淮平原寒武—奥陶系的地热水化学类型由补给区的 HCO_3^- 型逐渐转变为排泄区的 HCO_3·SO_4型，属于该型热储。

5. 元古宇—太古宇热储[10,12,16]

元古宇—太古宇热储层为岩溶热储，其埋藏深度变化较大，但因岩溶含水层地热水流通能力较强而致使地热水水质相对较好，矿化度相对较低。华北平原的中新元古界热储因裂隙、孔洞发育而致使其地热水循环条件相对较好，其地热水矿化度分布在 0.6～7g/L，其地热水化学类型为 Cl—Na、Cl·HCO_3·SO_4—Na型，pH 值约 8.0。地热水水质因受热储层和构造位置等因素影响而呈现出凸起区优于凹陷区、高凸起区优于凸起或潜山区的特点。

2.3.2 地热水水质问题及解决策略

1. 地热水水质问题[10,12,17]

部分热储层的地热水水质较差，因此其开发利用过程需要关注以下问题：

① 部分地热水含盐量高。对于无回灌开发模式，尾水直接排放将导致水源盐分增大或土壤盐渍化，从而造成严重污染。因此，地热尾水需要妥善处理。

② 部分地热水含氟量高。氟水容易引起氟斑牙、氟骨病、脱发、刺痒或皮疹，不宜直接用作饮用水。含氟量较高的水容易导致人体氟中毒。因此高氟水不宜用于农作物灌溉和水产养殖，否则将导致附近土壤或农田或水源被污染。

③ 热利用设备腐蚀与结垢问题。大部分水热型地热水呈弱碱性或碱性，因此其对热利用设备具有一定的腐蚀性，且在降温过程中也可能析出部分盐分晶体，并附着在换热管壁面上，产生一层致密污垢，从而导致热利用设备传热性能衰减。因此，合理控制地热水降温幅度或去除降温过程所析出的盐分晶体，是热利用工艺需要重点关注的问题。

④ 地热水中的毒性气体溢出。地热水在抽取过程中可能会释放一些气体至大气环境中，如硫化氢。这些气体在低浓度时可麻痹人类嗅觉神经，在高浓度时可使人窒息死亡。

⑤ 地热水水位下降及地面沉降。水热型地热资源因管理权属不清晰、技术规范及标准不完善、地热水回灌监管不到位等原因，导致部分水热型地热井只采不灌，从而致使地热水位下降，引起地面沉降等地质灾害。

因此，明确权责，完善技术规范及标准，强化责任主体意识，加大监管力度，是水热型地热资源安全、可持续开发利用的关键。

2. 地热水水质问题解决方法[17]

① 地热水结垢层的化学成分主要为碳酸钙、硫酸钙和硅酸钙等。目前，防止地热水结垢的两种常用方法为：第一种是化学方法（如投入适量的化学药物）或采用化学防垢剂（如磷酸盐聚合物）；第二种是涂层法，即在换热管壁面上涂合适材料，如工程塑料。

② 地热水中含有氯离子、氧离子和氢离子，具有较强的腐蚀性，因此容易腐蚀地热水所流经的管道或换热设备。鉴于此，可通过加强系统密闭以减小空气漏入或覆盖涂层或采用耐腐蚀材料或采用非接触式换热工艺予以保护。

③ 完善技术规范及标准，严格审批，加强管理，引导地热有序开发利用。

中国北方的沉积型盆地区域具有丰富的水热型地热资源，尤其是大气污染传输通道"2+26"城市（北京市、天津市、河北省石家庄、唐山、廊坊、保定、沧州、衡水、邢台、邯郸，山西省太原、阳泉、长治、晋城，山东省济南、淄博、济宁、德州、聊城、滨州、菏泽市，河南省郑州、开封、安阳、鹤壁、新乡、焦作、濮阳）。水热型地热资源可用作"2+26"城市集中供暖系统的清洁热源，以满足该区域城镇供热负荷快速增长的需求，并有利于实现供热领域节能减排目标，打赢大气污染防治攻坚战，实现供热行业的"碳达峰和碳中和"。

参考文献

［1］徐世光，郭远生．地热学基础［M］．北京：科学出版社，2009.

［2］陈墨香，汪集旸，邓孝．中国地热资源——形成特点和潜力评估［M］．北京：科学出版社，1994.

［3］王钧，黄尚瑶，黄歌山，等．中国地温分布的基本特征［M］．北京：地震出版社，1990.

［4］赵振南．传热学［M］．2版．北京：高等教育出版社，2008.

［5］白冰．岩土颗粒介质非等温一维热固结特性研究［J］．工程力学，2005，22（5）：186-191.

［6］王墨龙．裂隙岩体热流固耦合模型研究及应用［D］．徐州：中国矿业大学，2015.

［7］汪洋，邓晋福，汪集旸，等．中国大陆热流分布特征及热-构造分区［J］．中国科学院研究生院学报，2001，18（1）：51-58.

［8］王贵玲，刘彦广，朱喜，等．中国地热资源现状及发展趋势［J］．地学前缘，2020，27（1）：1-9.

［9］LIMBERGER J，BOXEMJ T，PLUYMAEKERS M，et al. Geothermal energy in deep aquifers：A global assessment of the resource base for direct heat utilization［J］. Renewable and Sustainable Energy Reviews，2018，82：961-975.

［10］蔺文静，刘志明，王婉丽，等．中国地热资源及其潜力评估［J］．中国地质，2013，40（1）：312-321.

［11］王贵玲，张薇，梁继运，等．中国地热资源潜力评价［J］．地球学报，2017，38（4）：449-459.

［12］张薇，王贵玲，刘峰，等．中国沉积盆地型地热资源特征［J］．中国地质，2019，46（2）：255-268.

［13］闵望，喻永祥，陆燕，等．苏北平原地热资源评价与区划［J］．上海国土资源，2015，36（3）：90-64，100.

［14］庞忠和，罗霁，程远志，等．中国深层地热能开采的地质条件评价［J］．地学前缘，2020，27（1）：134-151.

［15］王转转，欧成华，王红印，等．国内地热资源类型特征及其开发利用进展［J］．水利水电技术，2019，50（6）：187-195.

［16］童运福，孙书勤．地热田 Rn、Hg 特征及形成机理探讨［J］．物探与化探，1994，18（2）：154-157.

［17］张杰，程鑫．地热水开发利用过程中产生的危害与防治措施［J］．中国西部科技，2009，8（14）：36-38.

3   水热型地热供热系统集成

开发利用水热型地热资源用于城镇建筑采暖可大幅降低供热系统化石能源消耗量及其大气污染物排放量。目前，水热型地热集中供热技术在实际供热工程应用中遭遇地热田与供热负荷区空间分布不一致、不同地热田或地热井地热水温度差别大（图 3-1）、末端热用户采暖温度需求多样化（80℃/60℃，70℃/50℃，60℃/45℃，45℃/35℃）等问题。这在很大程度上制约了水热型地热集中供热技术推广应用，导致了水热型地热资源利用率偏低。因此，需要构建一套理论体系以指导水热型地热集中供热技术体系建立及系统优化设计，促进水热型地热集中供热技术发展与应用。

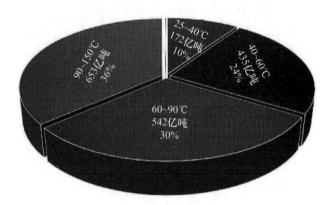

不同温区地热能分布（亿吨标准煤）

图 3-1   中国水热型地热资源分布

由图 3-1 分析可知，中国的水热型地热源以中低温地热能为主，是当前重点开发利用对象。

3.1   地热供热系统优化集成理论

能量分析就是利用能量传递、转换与利用理论分析用能过程的合理性和有效性。用能的合理性是指用能方式符合科学原理，能够实现能质的最大化经济利用；用能的有效性是指用能的效果，也即是能量被有效利用的程度[1-2]。

3.1.1 热力性能分析理论

集中供热系统因较长的经济输热距离需求而致使热源输热品位和末端用户用热品位存在一定的差异。该系统的热利用过程是一个能量降级利用过程，即是熵增过程。对于不同品位的热源，集中供热系统的熵产分布是不同的，且其系统能效提升方法也不尽相同，但其科学用能理论及系统优化机制是相同的。

热能具有"质"和"量"两种属性，因此其利用过程需要从能量品位降级和能量数量利用程度两个角度进行分析评价。热力学第一定律可从能量数量利用程度角度来分析评价水热型地热集中供热系统的能量利用率。热力学第二定律可从能量品位降级角度来分析评价水热型地热集中供热系统用能工艺的科学性。

1. 热力学第一定律

热力学第一定律是阐述不同形式的能量在传递与转换过程中守恒的定律，具体可表述为热量可以从一个物体传递到另一个物体，也可以从一种形式转换为另一种形式，但在能量传递或转换过程中，能量数量的总和保持不变[3-4]。因此，热力学第一定律被视为能量守恒定律，可用于计算和表达能量利用程度。

对于闭口系统的微元热力过程，系统内能增量等于系统输入能与输出能之差，其热力学第一定律数学表达式[3-4]如下：

$$dq = du + dw \qquad (3-1)$$

式中：q——热量，W/kg；

u——热力学能，W/kg；

w——机械功，W/kg。

对于闭口系统，输入或输出的能量仅包括热能和功，其能量守恒方程反映了热力过程中的热能与机械能之间的相互转换关系，其能量数量总和保持恒定。

对于开口系统稳定流微元过程，热力学第一定律可表达为[3-4]：

$$dQ = dH + \frac{1}{2}md\,c^2 + mgdz + dw \qquad (3-2)$$

式中：Q——热能，W；

m——质量流量，kg/s；

c——速度，m/s；

g——重力加速度，m/s^2；

z——位高，m。

热力学第一定律能量方程间接地说明了能量既不能被创造，也不会被消失，只能从一种形式转换为另一种形式，同时也反映了不同形式能量的转换关系。

水热型地热资源因各种条件限制而难以完全开发利用，因此水热型地热资源利用率可表达为：

$$\eta_t = \frac{Q_a}{Q} \qquad (3-3)$$

式中：Q_a——开发利用的地热能，W。

热功转换热力过程的热效率被定为输出功与输入热之比。其数学计算表达式：

$$\eta_t = \frac{W}{Q} \tag{3-4}$$

对于卡诺循环系统（冷源温度为30℃），其热效率变化如图3-2所示。

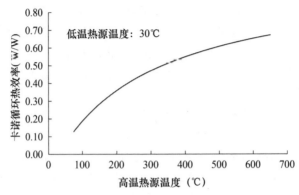

图 3-2　热源温度与卡诺循环热效率关系

对于逆卡诺循环系统，其制热性能系数 COP_h（Coefficient of Performance）被定义为输出热量Q_{con}与输入功 W 或输入热量 Q 之比。

$$COP_h = \frac{Q_{con}}{W or Q} \tag{3-5}$$

对于逆卡诺循环而言，热能传递是由低温热源传递至较高温热源，不能自发发生，因此其热力过程需要补偿一定数量的功或较高品位热能来驱动。蒸气压缩式逆卡诺循环的制热性能系数与低温热源温度分布如图3-3所示。

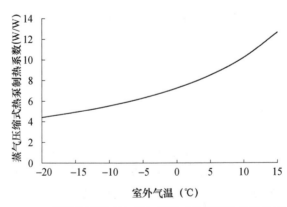

3-3　低温热源温度与蒸气压缩式热泵制热性能关系

由图 3-2 和图 3-3 所示，对于热力学第一定律，卡诺循环和逆卡诺循环系统的制热系数计算过程不区分能量品位的高低，其数量直接相加、减、乘、除。对于卡诺循环系统，其热效率小于1，从而说明热能不能完全转换为功，但其热效率随着高温热源温度的升高而增大。这说明温度较高的热能可转换为功的能力较强，从而间接证明了不同温度的热能品位是不同的。对于逆卡诺循环系统，其制热性能系数大于1，这说明功的品位远高于热源热能的品位，且功可以完全转换为热能。卡诺循环和逆卡诺循环的热效率说明了不同形式的能量具有不同的品位，不同温度的热能也具有不同的品位，其转换为功的能力也是不同的。

由此可见，热力学第一定律阐述了能量在传递与转换过程中的数量守恒关系，可为分析地热能开发利用程度和利用率提供理论指导。热效率和能源利用率是从热力学第一定律角度来评价热力过程性能高低的常用评价指标。因此，热力学第一定律可用于评价水热型地热资源利用率和集中供热系统热效率，这在一定程度上可用于指导水热型地热集中供热系统优化集成。然而，热力学第一定律不能反映热能在传递与转换过程中存在能质的贬值和损耗，更不能揭示能量损失的本质，因此难以指导水热型地热集中供热系统优化升级的方向、条件及限度。

2. 热力学第二定律

热力学第二定律的克劳修斯阐述：热不可能自发地、不付代价地从低温物体传到高温物体[3-4]。在自然条件下，热量可自发地从高温物体传递至低温物体，但不能自发地由低温物体向高温物体传递。由此可见，自发过程的初态和终态之间有着较大的差异，是不可逆热力过程。制冷循环热力过程可将热量从低温热源传递至高温热源，但需要补偿机械功或较高品位的热能。这说明非自发过程需要补偿一定量的高品位能量才能实现。

热力学第二定律的开尔文阐述：不可能制造出从单一热源取热使之完全转换为有用的功而不产生其他影响的热力发动机[3-4]。由此可见，热能不能完全转换为功，需要向低温热源排放一部分较低品位热。这说明热转换为功的非自发过程的实现也需要补充一个热量从高温热源传递至低温热源的自发过程。

由此可见，热力学第二定律是描述能量传递与转换热力过程进行方向、条件和限度的规律。

熵是在热力学第二定律基础上导出的状态参数，常用于判别实际过程的方向、是否可逆以及不可逆程度大小。因此，熵是表征物质微观热运动的混乱程度。对于一个不可逆热力过程，其熵增量大于零。

比熵变 ds 数学表达式[3-4]为：

$$ds = \frac{dq_{rev}}{T} \tag{3-6}$$

式中：dq_{rev}——单位质量工质在微元可逆过程中与热源交换的热量，J；

$\quad\quad\ T$——热量传递时的工质热力学温度，K。

对于理想气体，比熵变 ds 可表达为[3-4]：

$$ds = \frac{c_p dT - v dp}{T} = c_p \frac{dT}{T} - R_g \frac{dp}{p} \tag{3-7}$$

式中：R_g——气体参数 8.314J·mol/K。

v——气体容积，m^3。

对于任一热力循环过程，克劳修斯积分不等式[3-4]为：

$$\oint \frac{dQ_{rev}}{T} \leqslant 0 \tag{3-8}$$

当 $\oint \frac{dQ_{rev}}{T} = 0$，则表明该循环热力过程是可逆过程，此时熵增 $\Delta S = -\oint \frac{dQ_{rev}}{T}$ 等于零；当 $\oint \frac{dQ_{rev}}{T} < 0$，则表明该循环热力过程是不可逆过程，此时熵增 $\Delta S = -\oint \frac{dQ_{rev}}{T}$ 大于零。[3-4]

对于孤立系统，实际热力过程总是朝着使系统熵产增大的方向进行，而理想可逆过程的系统熵产保持不变。

对于开口系统，不仅需要考虑系统内部熵变 dS_{in}，还要考虑系统与外界的熵交换量 dS_{ex}，因此其系统总熵变 dS：

$$dS = dS_{in} + dS_{ex} \tag{3-9}$$

熵增原理指出：若某一热力过程的进行将导致孤立系统中各物体的熵同时减小或系统总熵减小，则意味着该孤立系统有熵增大的过程作为补偿而相伴而行，比如，非自发过程进行必须有自发过程相伴[3-4]。由此可见，熵增原理可用于揭示热力过程进行的方向、条件及限度。

对于闭口系统，熵方程数学表达式[3-4]为：

$$dS = \delta S_g + \frac{\delta Q}{T} \tag{3-10}$$

对于开口系统，熵方程数学表达式[3-4]为：

$$dS_{CV} = \frac{\delta Q}{T} + \delta m_i s_i - \delta m_o s_o + \delta S_g \tag{3-11}$$

热力学第二定律指出了各种形式能量在相互转换时具有方向性。热不能完全转换成功，且不同温度的热能转换为功的能力也是不同的。通常，热能温度越高，品位越高，其做功能力越高。由此可见，能量品位有高低之分。

任一形式能量 E 都可分为两部分：一部分是在环境条件下可完全转换为有用功，被称为烟 E_x；另一部分在环境条件下不可转换为有用功，被称为炕 A_n。

烟是系统与环境相互作用的产物，是以给定环境为基准的相对量，可分为物理烟和化学烟。物理烟是指系统经可逆物理过程达到约束性死态时，最大限度转化为功的那部分能量；化学烟是指系统与环境之间由约束性平衡经可逆物理与化学过程达到非约束性平衡时，最大限度转换为功的那部分能量[2]。

因此，任何能量 E 均可表达为：

$$E = E_x + A_n \tag{3-12}$$

在能量传递、转换与利用过程中，㶲的数量是减少的，炕的数量是增大的，但㶲和炕之和保持不变。对于能量转换、传递与利用过程，㶲能够转变成炕，而炕不可能转变成㶲。由此可见，㶲体现了不同能量的可转换性差异以及可利用性不相等。因此，㶲的数量变化则反映其热力过程的不可逆程度。由此可见，㶲参数可作为一种评价能量的"质"和"量"的方法。

对于环境温度为 T_0 的系统（$T > T_0$），热量㶲 $E_{x,Q}$ 和热量炕 $A_{n,Q}$ 计算公式[3-4]为：

$$E_{x,Q} = \left(1 - \frac{T_0}{T}\right)Q = Q - T_0 \Delta S \tag{3-13}$$

$$A_{n,Q} = T_0 \frac{Q}{T} = T_0 \Delta S \tag{3-14}$$

对于环境温度为 T_0 的系统（$T < T_0$），冷量㶲 $E_{x,Q}$ 和冷量炕 $A_{n,Q}$ 计算公式[3-4]为：

$$E_{x,Q} = \left(1 - \frac{T}{T_0}\right)Q_{eva} = T_0 \Delta S - Q_{eva} \tag{3-15}$$

$$A_{n,Q} = T \frac{Q}{T_0} = T_0 \Delta S \tag{3-16}$$

化学㶲采用龟山-吉田体系计算公式[5]：

$$e_f^\theta = \sum x_j e_j^0 + R\,T_0 \sum x_j \ln x_j \tag{3-17}$$

燃料㶲采用 Z-Rant 提出的近似计算公式[2]：

气体燃料，$\qquad e_{xf} = 0.95\,q_h \tag{3-18}$

液体燃料，$\qquad e_{xf} = 0.975\,q_h \tag{3-19}$

固体燃料，$\qquad e_{xf} = q_l + r \cdot w \tag{3-20}$

式中：q_h——单位燃料的高位发热值，kJ/kg；

$\qquad q_l$——单位燃料的低位发热值，kJ/kg；

$\qquad r$——单位质量水的气化潜热，kJ/kg；

$\qquad w$——燃料中水的质量百分数，%。

烟气㶲计算公式[2]为：

$$e_{xg} = c_p \left[(T_g - T) - T_0 \ln\left(\frac{T_g}{T_0}\right)\right] + R\,T_0 \sum \varphi_j^g \ln\left(\frac{p_j^g}{p_j^0}\right) \tag{3-21}$$

式中：φ_j^g——烟气中第 j 组分的摩尔百分比。

为了区别不同品位的能量，能量根据转换性不同被划分为高级能、中级能和低级能三种类型。①可以不受限制的、完全转换的能量，其本质上是完全有序运动的能量，在数量上和质量上是完全统一的，被称为高级能。比如电能、机械能、位能、动能。②具有部分转换能力的能量，仅一部分能可转换为有序运动的能，在数量与质量上是不统一的，被称为中级能，比如热能、物质的热力学能。

③受外界环境限制，完全没有转换能力的能量，是仅有数量而无质量的能量，被称为低级能，如大气热能。

对于孤立系统，㶲在极限条件下可保持不变，但在实际热力过程中只会减小，这即是能量贬值原理。对于任一热力过程，熵产越大则意味着㶲损失越大（㶲增大），其不可逆程度越高。对于实际热力循环系统，其热力过程势必导致一部分㶲蜕变为㶲，从而导致能量品位降级。

对于闭口系统，工质的比热力学能㶲$e_{x,u}$和热力学能㶲$a_{x,u}$计算公式[3-4]为：

$$e_{x,u}=u-u_0-T_0(s-s_0)+p_0(v-v_0) \tag{3-22}$$

$$a_{x,u}=u_0+T_0(s-s_0)-p_0(v-v_0) \tag{3-23}$$

稳定流动工质的比焓㶲$e_{x,H}$和比焓㶲$a_{x,H}$计算公式[3-4]为：

$$e_{x,H}=h-h_0-T_0(s-s_0) \tag{3-24}$$

$$a_{x,H}=h_0+T_0(s-s_0) \tag{3-25}$$

闭口系统的㶲平衡方程[3-4]为：

$$E_{x,Q}=E_{x,U_2}-E_{x,U_1}+W_u+I \tag{3-26}$$

式中：I——㶲损失。

稳定流系统㶲平衡方程[3-4]为：

$$E_{x,Q}=E_{x,H_2}-E_{x,H_1}+\frac{1}{2}(c_{f2}^2-c_{f1}^2)W_u+I \tag{3-27}$$

㶲损失可分为外部㶲损失和内部㶲损失；外部㶲损失是因㶲未被利用而造成的损失，这类㶲损失可采用适当的工艺被加以回收利用；内部㶲损失是因过程不可逆性造成的㶲损失，这类损失可通过降低过程的不可逆性而得以减小[2]。

㶲效率和产品㶲效率是从热力学第二定律角度评价热力过程性能的指标。其中，产品㶲效率目标针对性较强，是当前能量传递与转换热力过程性能评价的常用指标，其被定义为产品的输出㶲流$E_{x,H,pro}$与输入能量的㶲流$E_{x,H,in}$之比：

$$\eta_{e,pro}=\frac{E_{x,H,pro}}{E_{x,H,in}} \tag{3-28}$$

由此可见，㶲损失分布可为合理用能及节能提供方向性指导。

综上所述，热力学第二定律解决了能量传递与转换过程中的方向、条件和限度问题。对于任一能量传递与转换系统而言，热力学第一定律和第二定律可分别从能的"量"和"质"两个角度来分析热力系统的合理性和有效性。因此，热力学第一定律和第二定律可为水热型地热集中供热系统优化集成与运行提供理论指导。

对于能量传递、转换与利用热力系统，㶲分析通常采取以下步骤[2]：

① 分析研究对象，厘清其热力过程中的能流状态；

② 分析热力系统各个子系统或各个设备之间的能量转化关系；

③ 建立㶲分析模型；

④ 计算物流的㶲值或过程的㶲损失；

⑤ 建立㶲分析的评定准则，计算各项㶲分析指标；

⑥ 应用热力学理论分析计算数据，得出结论，并提出改进建议，拟订热力过程能效提升方案。

3.1.2 能源综合利用系统集成理论

1. 能量综合梯级利用方法

对于集中供热系统，集中热源有多种形式，如热电厂汽轮机低压抽汽、燃气锅炉、燃煤锅炉、工业废热、中低温可再生能源；热用户的末端散热器所需供热温度存在较大差别，目前的二次热网供/回水温度参数有 95℃/70℃、80℃/60℃、70℃/50℃、60℃/45℃以及 45℃/35℃。相对于集中供热热源，末端散热器采暖所需的热能品位较低，因此集中供热系统的热力过程存在较大的不可逆损失，导致热能做功能力被白白浪费。从热力学角度来看，能量供需的品位匹配有助于减少能量传递、转换与利用过程的不可逆损失。

各种热源的品位是不同的，各种末端散热器所需热能品位也是不同的。由热力学第一、第二定律可知，能量供需品位不匹配将导致能量传递、转换与利用过程的不可逆损失增大，有用能耗散较大。中国科学院的吴仲华院士于 1980 年提出了不同品位能量"温度对口、梯级利用"的科学用能原则[6]。通俗来讲，高品位能量宜用在高品位能量需求的场所，低品位能量宜用在低品位能量需求的场所，可简称为"高能高用、低能低用"，以实现能量供需品位匹配，提高能量综合利用率。

就当前技术现状而言，不同品位的热量科学利用原则示意如图 3-4 所示。

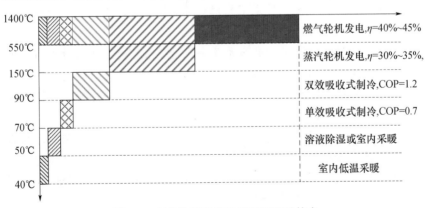

图 3-4　高品位能量梯级利用原理及技术

在能量传递、转换与利用过程，科学梯级用能工艺不仅可降低有用能的耗散，而且还有助于深度利用或回收更多较低品位的热能（如中低温地热能、低温工业废热、太阳能、空气能），以提高系统能效水平。天然气若直接采用燃气锅炉进行供热，其系统能源利用率可达 97%，若采用燃气冷热电三联供系统工艺（图 3-5）对天然气化学能进行梯级综合利用，并可进一步利用其所产生的电能或中温热能驱动压缩式或吸收式热泵开发利用低温地热能、空气能，则该能量梯级综合利用系统能源利用率可达 364.9%。从热力学角度来看，燃气冷热电三联供系统工艺比燃气锅炉区域供热系统工艺先进，其能量传递、转换与利用热力过程较科学。

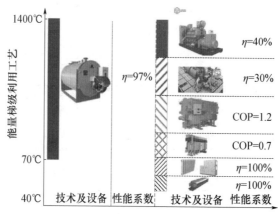

图 3-5　天然气不同利用工艺系统能源利用率

由此可见，基于能量品位的科学梯级用能理念要求不同品位的能量合理分配、对口供应，做到各得其所，可在很大程度上提高能源综合利用率[6-7]。因此，能量传递、转换与利用热力过程应尽可能地遵循"高能高用、低能低用"原则，采用与不同能量品位相匹配的技术工艺来实现能量综合梯级多次高效利用，从而提高能源综合利用率。

总能系统是按照功能需求，通过系统集成把相关功能的热力过程有机地整合在一起，以实现能量梯级利用。温度对口、梯级利用的热力系统通称为狭义总能系统；广义总能系统是在狭义总能系统的基础上建立资源—能源—环境一体化的能源系统[7]。总能系统理论是站在系统的层面上，从热力学第一、第二定律角度出发，通过集成多品位用能工艺过程以及系统参数优化，达到减少有用能的损失，从而实现能量品位的最大化经济利用。基于热力学第二定律的总能系统在系统的高度上综合考虑能量传递与转换过程的不同品位及形式能的合理利用以及各系统优化集成与配置，以实现梯级利用不同品位的能量。

能量梯级利用就是指高品位能量在一个设备或工艺过程中已降至经济适用范围以外时，可转换至另一个能够经济使用较低品位能量的设备或工艺过程中继续利用，如此多次利用以提高能源综合利用率[7]。

狭义总能系统侧重于物理能的综合梯级利用，即"温度对口、物理能梯级利用"；广义总能系统集成原则扩展到化学能与物理能的综合梯级利用，即"能源品位对口、化学能与物理能综合梯级利用"，侧重于能量转化过程与污染控制过程一体化[7]。能量传递、转换与利用过程不仅需要关注能量的数量，而且还要关注能量的质量。

能量的品位是指单位能量所具有可用能的比例，也就是某微元热力过程的能量释放或接受的㶲（dEx）与释放或接受的能量（dQ）之比[7]。其计算公式为：

$$A = \frac{dEx}{dQ} \tag{3-29}$$

广义能量按照品位进行梯级利用的原则如图 3-6 所示。

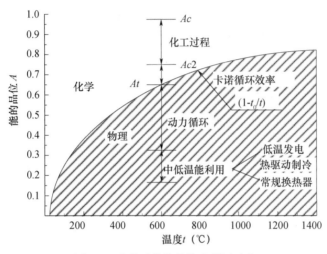

图 3-6　总能系统能量综合利用示意

高温热能具有较高的品位，其可用能利用手段较多，可以采用各种热力循环，如基于燃气-蒸汽联合循环的热电联产系统。与高温热能相比，中低温热能的热功转换的热效率相对较低，其系统优化集成相对困难。

能源利用系统集成原则就是坚持用能过程不可逆损失最小的用能指导思想，遵守供能与用能品位匹配的用能基本原则，以降低能源利用系统内部损失为中心，实现能源的综合高效经济利用，减少能量外部损失。能源利用系统集成是通过分析能量的品位变化规律，阐明相互整合的能量传递、转化与利用过程的能量品位之间的关联性，并在此基础上将不同模式的能量传递、转化与利用过程有机联合在一起[6-7]。能源利用系统集成旨在实现能源的综合梯级利用及过程一体化。科学的能源利用系统集成可提升能源传递、转换与利用系统的能源综合利用率，降低生产过程的不可逆损失、能耗及初投资。因此，能源利用系统集成理论是总能系统新工艺开发及其系统优化设计的理论依据。

2. 能源综合利用系统优化设计原则及方法

对于实际能源利用工程，能源利用系统的需求是多样化的，其工程条件较复杂，易受到诸多条件的约束。因此，实际能源利用系统设计需要结合功能需求及工程条件，从系统的层面进行综合优化设计，考虑流程结构、参数以及各子系统之间的优化整合，实施基于科学用能理论的能源利用系统集成与优化。能源利用系统优化设计是指在给定的设计条件与功能要求的前提下，通过模拟分析，寻求系统流程结构及参数优化的最佳热力系统方案。

（1）能源利用系统集成思路及优化设计原则[6-7]

① 能源利用系统优化设计原则是"组分对口、分级转化、温度对口、梯级利用"，以匹配能量供需品位。

② 能源利用系统优化设计步骤：首先，根据系统功能需求，结合系统设计目标与工程条件，确定约束条件、设计变量及系统优化设计框架；其次，设计系统流程结构，建立各子系统模型和优化模型；再次，通过模拟计算优化系统流程及热力参数；最后，通过独立变量或流程升级，实施各子系统或各设备之间的交叉优化，以期获得最佳综合优化系统方案。

③ 通过自由度分析确定系统模型的独立变量，并对能源利用系统中全部独立变量进行分析与优化。

④ 构造各种可能的能源利用系统流程，通过模拟计算实现系统流程及参数综合优化。

（2）基于全工况的能源利用系统优化设计方法[6-7]。对于能源利用系统，设计工况和变工况合称为全工况。通常，传统的能源利用系统优化设计是在给定设计要求及设计参数的前提下，通过模拟分析得到基准工况，并以基准工况的参数值来设计系统及子系统。然而，实际的能源利用系统性能及负荷随着室外环境变化而变化，且大部分运行工况处于非设计工况，因此能源利用系统在非设计工况区的性能分布更为重要。因此，能源利用系统优化设计不仅需要考虑设计工况的系统效益，而且更要重视变工况的系统效益，从全工况的角度对其热力系统进行评价与优化，以期获得最佳的能源、环境及经济综合效益。

能源利用系统的全工况优化设计思路为：首先，采用模块化、通用化建模方法建立各个设备模块、子系统及系统的模型，便于多流程系统模拟计算；其次，基于独立变量或设计变量，设计能源利用系统的全工况特性模型，明确系统或设备约束条件；再次，利用系统模型和设计规划方程构建系统设计模型，并通过模拟计算获得设计工况下的全部状态变量，完成设计工况下的能源利用系统初步设计；再次，确定系统运行模式与典型负荷运行时间分布，建立基于全工况的系统优化模型；最后，把系统设计模型和优化模型联合起来，并通过全工况模拟计算，从全工况角度对能源利用系统进行评价与优化。

（3）实际的能源利用系统优化设计方法[6-7]。实际的能源利用系统具有很多工程约束条件，其系统优化设计需要从各个子系统或设备优化组合和参数优化匹配的角度进行设计，实现最佳的能量传递、转换与利用热力过程子系统集成，以获得全工况下的最佳综合效益。

实际的能源利用系统优化设计思路为：首先，明确能源利用系统的独立变量和因变量；其次，结合能源利用系统特点、功能需求及工程条件，确定约束条件；再次，构建部件或子系统及系统模型；再次，确立优化目标，建立优化目标函数及模型；最后，根据优化目标对能源利用系统进行模拟计算、评价与优化。

综上所述，能源利用系统在优化设计时首先结合系统特点、功能需求和约束条件，确立优化目标，然后站在系统的高度，从全工况的角度对能源利用系统的流程结构及参数进行模拟计算、评价与优化，以期获得最佳综合效益。

3.1.3　经济效益评价方法

对于能源利用系统，热力学分析理论及方法仅能定性地指出能量传递、转换与利用系统优化方向、条件及限度，但无法从定量的角度明确指出优化深度。能源利用系统集成与优化设计不仅需要考虑其热力性能，而且还要考虑其经济效益。对于实际的能源利用工程，经济效益在很大程度上决定着技术方案实施的可行性。

能源利用工程项目的经济效益是指所采用的技术方案在当今的技术水平、价格体系、设备制造水平和法规政策条件下实施所获得的经济效果[8]。由此可见，技术经济效果具有明显的时代烙印，且受限于所在区域的技术水平、经济水平、制造水平、价格体系以及法规政策。

经济效果是一个综合性指标，其评价指标多种多样。不同的评价指标是从不同的角度来反映工程技术方案的经济效果。对于一个实际工程项目的规划与设计，通常需要采用多个指标进行评价，为投资决策提供依据。经济效果评价指标分为三大类：①以时间作为计量单位的时间型指标，如投资回收期；②以货币单位作为计算的价值型指标，如净现值、费用年值；③以无量纲效率作为计算单位的效率型评价指标，如内部收益率、总投资收益率[8]。

投资回收期评价方法具有计算简单、易于非专业人员理解的特点，且投资回收期可在一定程度上反映项目投资的风险性，衡量资金的流动性，也反映项目的经济性，但其没有考虑投资回收期之后的收益，因此其应用具有一定的局限性。因此，该评价方法常用于非战略意义的长期项目评价，如民生性质的供热工程项目可行性分析或投资风险较大的项目可行性分析。

投资回收期是指投资方案所产生的净现金收入回收初始全部投资所需的时间，并根据资金是否具有时间价值属性又可进一步划分为静态投资回收期和动态投资回收期[8]。通常，投资回收期短则意味着资金回收快，投资风险小。投资回收期通常从建设项目开始投入之日算起，否则应予以说明。

对于初投资若一次性完成的项目，静态投资回收期 n 计算公式为：

$$n=\frac{TC}{AB-AC} \tag{3-30}$$

式中：TC——总投资，元；

     AB——年收入，元；

     AC——年成本费用，元。

动态投资回收期计算公式为：

$$\sum_{j=1}^{n}\frac{(CI-CO)_j}{(1+i_0)^j}=0 \tag{3-31}$$

式中：$(CI-CO)_j$——第 j 年的净现金流量，元；

     i_0——基准折现率。

固定资产投资是指用于建设或购置固定资产所投入的资金，比如与生产经营相关的设备、工具、厂房等。固定投资包括设备及工器具购置费、土建工程费、设备安装费、自动控制及监控购置费等。总成本包括生产和销售过程中所发生的原料、动力、工资、利息、税金等支出。按照现行的中国财务制度，总成本费包括生产成本、管理费用、财务费用和销售费用。其中，生产成本包含材料费、人工费、折旧费、维修费及其他。

固定资产是以同样的实物形态连续多次服务于生产周期，并在长期的使用过程中保持原有的实物形态，但其价值随着固定资产的使用而磨损，其损耗的价值需要以折旧的形式逐渐转移至产品成本中，并通过销售收入得以补偿[8]。固定资产折旧费 AD 是指在固定资产使用过程中，随着资产损耗而逐渐转移至产品成本费用中的那部分价值。其计算公式如下：

$$AD=FC\cdot\frac{i\cdot(1+i)^n}{(1+i)^{n-1}} \tag{3-32}$$

式中：AD——固定资产年折旧费，元/年；

     FC——固定投资费，元；

     i——年利率，%；

     n——使用寿命，年。

对于供热行业，总成本可分为能源成本和非能源成本。其中，能源成本包括燃料、电和水；非能源成本包括折旧费、维修费、人工费等。目前，一般纳税人适用的增值税税率有 17%、13%、11%、6% 和 0，其中供热企业的增值税税率为 11%。部分地区为促进清洁供热发展，对清洁供热企业采用优惠税率甚至免税。

经济利润是在生产经营中产生的总收益减去经营成本和相关税金后所得到的余额。对于供热企业，利润总额为销售总收入减去生产和销售总支出以及税金。

项目的经济效果易受到能源价格、材料价格波动以及财政政策变化等不确定性因素影响，故其项目风险性也存在波动性。投资回收期是反映工程技术方案投资效果的一个综合性指标，并依据投资回收期的长短来评价方案投资的经济效果，这也在很大程度上反映了项目投资的风险性。当投资回收期小于行业基准投资回收期时，技术方案则具有合理的经济效果。项目投资回收期越短，其投资风险性越小，其经济效果通常较好。增量投资回收期是指不同技术方案的总投资差额与不同技术方案的利润差额之比，通常用于指导能源利用系统优化设计。

单位产品成本、年利润以及固定投资收益率也是项目可行性分析的可参考经济评价指标。

单位产品成本 PC 计算公式为：

$$PC = \frac{\sum CO_j}{N} \tag{3-33}$$

式中：$\sum CO_j$——项目年总支出，元；

$\quad\quad\quad N$——项目年产品总量。

单位产品成本可以表明不同技术方案的产品生产成本的高低，这在一定程度上也可反映技术方案的先进性。

年利润 AI 计算公式为：

$$AI = AB - AC \tag{3-34}$$

年利润也在一定程度上反映了资金流，同时也可与投资回收期相结合以分析投资回收期之后的利润回报效果。

投资收益率（rate of return on investment，ROI）是指投资方案在达到设计生产能力后的正常年份年净收益总额与方案投资总额的比率，是评价投资方案盈利能力的静态指标。

固定投资收益率 ROI 计算公式为：

$$ROI = \frac{AB \cdot (1-\zeta) - AC}{FC} \tag{3-35}$$

式中：ζ——销售税金及附加。

各个类型指标是从不同的角度来反映项目的经济效果，具有各自的特点，因此其应用范围是不同的。工程项目的经济效果分析需要结合实际项目的投资条件和项目所处的具体阶段来选用合适的评价方法及指标。

3.2　低温热能利用方式及设备

对于实际的能量传递、转换与利用系统，源与荷的能量供需品位千差万别。为了提高能质利用效率，低温热能的利用有同级利用方式和升级利用方式[9]。其中，低温热能同级利用方式是指低品位的能量用于低品位能需求的场所，比如低温热能宜用于满足低温热用户的供暖需求。水-水换热器是常规低温热能同级利用设备。低温热能升级利用方式是指将低品位的能量提升至较高品位能量后再进行利用，比如采用热泵和吸收式热变换器等对低品位能量进行升级。对于集中供热系统而言，末端热用户需求的热能是低品位能量，但其能量利用方式受到经济输热距离、能源配置条件和经济性等条件约束。

对于实际的能量传递、转换与利用系统，能量利用方式应结合实际工程条件从能源、经济及环保效益角度进行优化选择。

3.2.1 不同类型换热器特点及适用性

对于低温工业余热和中低温水热型地热能，此类低温热能品位与热用户采暖所需热能品位相近，可采用高效换热装置把低温热能以小温差方式传递至热网循环水或利用热泵（或吸收式热变换器）将低温热能升级至较高温度并传递至热网循环水，然后借助于热网循环水被输配至末端散热器，最后通过辐射与对流复合传热方式向室内释放热量，以补偿建筑物热损失。

常规水-水换热器主要有板式换热器、管壳式换热器、套管式换热器、翅片式换热器、螺旋板式换热器以及热管式换热器。

1. 板式换热器

板式换热器是由一系列波纹状金属片装配而成，冷、热流体在板片之间的通道内流动，实现液-液或气-液间的热量高效传递，其结构示意如图 3-7 所示。

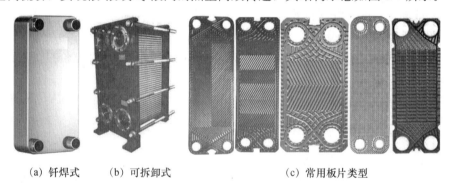

（a）钎焊式　　（b）可拆卸式　　　　　　　（c）常用板片类型

图 3-7　常用板式换热器

板式换热器根据工艺用途可分为板式加热器、板式冷却器、板式冷凝器和板式预热器；根据流道间隙大小可分为常规流道板式换热器和宽流道板式换热器。

（1）技术特点[10-11]。

① 传热系数高、结构紧凑。一般来说，板式换热器的传热系数是管壳式换热器的 3～5 倍。对于相同的换热容量，板式换热器外形尺寸相对较小。

② 冷端温差较小。冷、热流体在板式换热器中逆流流动，冷端温差可小至 1℃。

③ 可拆卸式和钎焊式的板式换热器极限承压能力分别为 2.5MPa 和 4.0MPa。

④ 质量轻。板式换热器的质量约为同容量管壳式换热器的 20%。

（2）适用性。

板式换热器宜用于压力不高、流体小温升或小温降的换热工艺。钎焊式板式换热器的换热容量范围为 1.2～350kW，不宜用于易结垢、易堵塞的冷媒、热媒，也不适用于低密度的气-气换热工艺；可拆卸的耐腐蚀宽流道板式换热器可用于黏性大、腐蚀性流体的热量回收。

2. 管壳式换热器

管壳式换热器是以封闭在壳体中管束的壁面作为传热面的间壁式换热器。管壳式换热器由壳体、传热管束、管板、折流板及管箱构成，其结构示意如图 3-8 所示。

图 3-8　管壳式换热器结构及外形

（1）技术特点[10-11]。

① 承压能力强、耐高温。

② 传热系数相对低、体积大，较重。

③ 加工制造工艺相对简单、成本低。

（2）适用性。

卧式管壳式换热器传热性能较好，管理维护方便，通常应用于 3～35000kW 的小、中、大型传热工艺，是空调、供热系统常见的换热设备；立式管壳式换热器通常用于安装空间较困难的场所。管壳式换热器适用于端差较大、热应力较大的应用场所，也可用于易堵塞、易结垢流体间的热量传递。

3. 套管式换热器

套管式换热器是用两种尺寸不同的标准管连接而成的同心圆套管，外面的叫壳程，内部的叫管程，两种不同介质可在壳程和管程内逆向流动以实现较好的传热效果。套管式换热器结构及外形结构示意如图 3-9 所示。

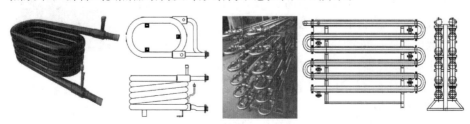

图 3-9　套管式换热器结构及外形

（1）技术特点[10-11]。

① 结构简单，传热面积增减自如。

② 传热性能高，如液-液换热时，其传热系数为 $870 \sim 1750 \mathrm{W} /$（$\mathrm{m}^2 \cdot \text{℃}$）。

③ 结构简单，工作适应范围广，两侧流体均可提高流速，也可在内管外壁加设各种形式的翅片，提高传热效果。

④ 可以根据安装位置任意改变形态，安装方便。

⑤ 管接头多，易泄漏，流阻大。

⑥ 占地面积大，单位传热面积金属消耗多，约为管壳式换热器的 5 倍。

⑦ 检修、清洗和拆卸都较麻烦。

（2）适用性。

套管式换热器适用于高压、小流量、低传热系数流体的换热，其换热容量通常为 $1 \sim 180 \mathrm{kW}$。

4. 翅片式换热器

翅片式换热器常用于烟气或低温废气等余热回收，其结构示意如图 3-10 所示。

图 3-10　翅片式换热器

（1）技术特点[10-11]。

① 加装翅片使得有效传热面积以及传热能力增大，设备体积变小。

② 在热胀冷缩作用下，结垢可自行脱落，避免形成整体垢层。

③ 翅片式换热器的传热温差一般为 $5 \sim 15 \text{℃}$、气侧流动阻力约 600Pa。

（2）适用性。

翅片式换热器多用于气-液或气-气间热量传递，且气侧压力不高于 0.8MPa，温度不高于 170℃；宽间距、低翅片的翅片式换热器可用于高黏度气体。

5. 螺旋板式换热器

螺旋板式换热器由两张钢板卷制而形成冷、热流体螺旋通道，其结构示意如图 3-11 所示。

图 3-11　螺旋板式
换热器

（1）技术特点[10-11]。

① 螺旋板式换热器传热系数是管壳式换热器的 $1 \sim 3$ 倍，高达 $3 \mathrm{kW} /$（$\mathrm{m}^2 \cdot \mathrm{K}$）。

② 螺旋板式换热器密封性较好,运行可靠性强。

③ 螺旋板式换热器呈螺旋流动,具有自冲刷效果,且流动阻力较小。

(2) 适用性。

该换热器适用于化学、医药、冶金等行业中的气-气或气-液或液-液热量传热。

6. 热管式换热器

热管式换热器是指以热管为传热元件的换热器,其结构示意如图 3-12 所示。

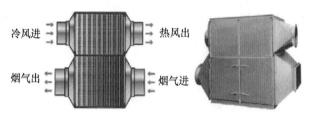

图 3-12　热管式换热器

(1) 技术特点[10-11]。

① 热管式换热器热流密度大、传热系数较高,可达 $10^3 \sim 10^5 \mathrm{W}/$ (m² · ℃)。

② 冷、热流体间的传热温差可低至 1℃。

③ 温度或压力要求恒定的余热回收工艺或用热工艺。

(2) 适用性。

该型换热器可用于气-气或气-液或液-液流体间的热量传递,回收利用低温热能。

3.2.2　不同类型热泵技术特点及适用性

目前,常用热泵类型主要有电动压缩式热泵机组和热驱动溴化锂吸收式热泵。

1. 电动压缩式热泵

电动压缩式热泵是采用电动压缩机对制冷工质进行压缩增压。其系统流程及主要部件示意如图 3-13 所示。

电动压缩式热泵工作原理就是采用电动机产生机械能以驱动压缩机,并实现制冷工质的压缩、高压放热、节流和低压吸热四个过程,从而使得热量从低温热源传递至高温热源的机械装置,可对低温热能进行升级与利用。首先,制冷工质在制冷循环系统的蒸发器中蒸发气化,在低压、低温状态下吸收低温热源的热量 Q_{eva};其次,气态制冷工质被压缩机压缩增压,同时消耗一部分机械功 W;其次,高压过热气态制冷工质在冷凝器中冷凝液化,同时在高压、高温状态下将冷凝热 Q_{con} 传递至较高温度的热源;最后,液态制冷工质经节流阀降压后返回至蒸发器,如此形成一个完整的经典压缩式热泵循环。制冷工质在压缩式热泵循环中通过热力状态的变化实现热量从低温环境传递至较高温环境,以满足制冷或制热需求,电动压缩式热泵循环的温熵示意图和压焓示意图如图 3-14 所示。

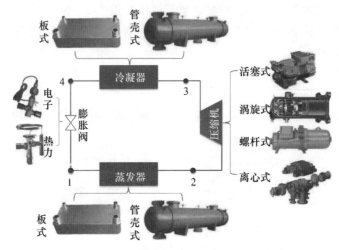

图 3-13 电动压缩式热泵系统流程及主要部件

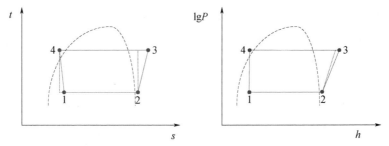

1→2,蒸发过程； 2→3,压缩过程； 3→4,冷凝过程； 4→1,膨胀过程。

图 3-14 电动压缩式热泵温熵示意图和压焓示意图

对于压缩式热泵理想循环，制热性能COP_h计算表达式[12-13]为：

$$COP_h = \frac{Q_{con}}{w} = \frac{h_3 - h_4}{h_3 - h_2} = \frac{T_{con}}{T_{con} - T_{eva}} \qquad (3\text{-}36)$$

实际压缩式热泵机组的制热性能计算公式[12-13]为：

$$COP_h = \varepsilon \cdot \dot{COP}_h \qquad (3\text{-}37)$$

对于电动压缩式热泵机组，压缩机是实现热量从低温热源传递至高温热源的非自发过程补偿高品位能的关键环节，也是实现制冷工质由低压状态转换为高压状态的关键设备。由此可见，制冷工质热物理性能对实际电动压缩式热泵机组性能影响较大。因此，对于标准空调工况和特定的制冷工质，压缩机性能在很大程度上决定着电动压缩式热泵机组制热性能[14-16]。

电动压缩式热泵的压缩机类型包括活塞式压缩机、转子式压缩机、涡旋式压缩机、螺杆式压缩机和离心式压缩机。不同类型的压缩机具有不同的技术特点，适用于不同工程应用场所，以满足不同的工程技术需求。

（1）活塞式压缩机。活塞式压缩机主要由气缸体、曲轴箱、曲轴、连杆、活塞、吸排气阀构成，连杆将曲轴和活塞连接起来。其内部结构如图 3-15 所示。

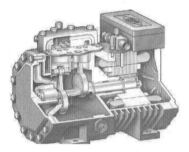

图 3-15　活塞式压缩机剖面图

当曲轴旋转时，通过连杆传动，活塞在气缸内的内止点和外止点之间往复运动，并在吸排气阀的配合下完成吸气、压缩、排气和余隙容积内制冷工质膨胀等过程，将低压气态制冷工质压缩为较高压过热气体制冷工质。

活塞式压缩机具有压力适用范围广、部分负荷热效率高、工况适应性强、系统设计及制造简单、技术成熟、生产成本低等优点，但其转速受限制（960r/min），单机输气量大时的设备笨重，易损件多，输气不连续，压力有波动，振动及噪声大，效率衰减快[17-19]。

目前，活塞式压缩机主要用于中、小容量制冷设备，比如小容量活塞式压缩机用于空调热泵系统，中型容量的活塞式压缩机用于冷库的低温冷冻机组。

（2）转子式压缩机。转子式压缩机又被称为滚动活塞式压缩机、滚动转子式压缩机，主要由气缸、滚动转子、偏心轴、滑片和气缸两侧端盖、排气阀构成。其内部结构如图 3-16 所示。

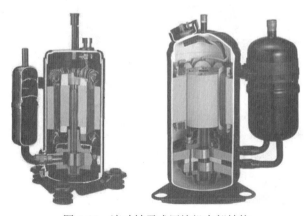

图 3-16　滚动转子式压缩机内部结构

滚动转子在曲轴的带动下沿气缸内壁滚动，与气缸间形成月牙形工作腔。月牙形工作腔被滑片分为两部分，与吸气孔口相通的部分被称为吸气腔，另一部分被称为压缩腔。滑片随转子滚动在滑片槽道做往复运动，其与气缸内壁、转子外壁以及切点所构成的封闭气缸容积，为基元容积。该基元容积大小随转子转角变化而变化，并在此过程中完成制冷工质的吸气、压缩和排气三个过程。

滚动转子式压缩机具有结构简单紧凑、体积小、无吸排气阀、零部件少、运行稳定性高、吸气过热度小、容积效率及等熵效率较高、运动部件摩擦损失小、余隙容积小、质量较轻、噪声较低等优点，但其气缸容积利用率较低，单缸转矩峰值较大，滑片易损，加工精度要求较高，平衡性较差，且大排量机组制造相对困难[17-19]。相对于活塞式压缩机，滚动转子式压缩机结构较简单紧凑，冷却及润滑系统较完善，在小容量热泵机组中表现出较高的性能。

目前，转子式压缩机主要应用于汽车空调、冰箱、空调器和小型商业制冷机组。小型全封闭滚动转子式压缩机输入功率低于 2.2kW，主要用于房间空调器、除湿机以及冰箱；双缸滚动转子式压缩机输入功率可达 5.0kW，主要用于单元式空调机组、多联式空调机组。

（3）涡旋式压缩机。涡旋式压缩机的关键部件有两个：一个是固定涡旋体，简称静盘；另一个是与静盘相啮合、相对运动的运动涡旋体，简称动盘。其内部结构如图 3-17 所示。

图 3-17　涡旋式压缩机内部结构

动、静盘的型线是螺旋形，其中动盘相对静盘偏心相差 183°对置安装，二者之间所形成的一系列月牙形空间，为基元容积。当动盘以静盘为中心做无自转的回转平动时，外圈基元容积将不断地向中心移动，与此同时容积不断缩小且其外侧未封闭的基元容积则不断扩大。制冷工质从静盘外侧吸气孔进入动静盘间最外侧的基元容积，并随着动盘旋转运动而被逐渐转移至中心空间，其容积不断被压缩而缩小，从而实现制冷工质的压缩，并通过静盘中心部位的排气孔排出[17-19]。每个基元容积在动盘的旋转过程中均是周期性扩大与缩小，以实现制冷工质的吸入、压缩与排出。不同的基元容积变化过程类似，仅存在相位角的差异。涡旋式压缩机的吸气、压缩和排气过程连续单向进行，相邻工作腔间的压差小，因此气体泄漏相对少且无余隙容积。

与活塞式和滚动转子式压缩机相比，涡旋式压缩机首先无余隙容积，流动损失小，容积效率高，对湿压缩不敏感；其次，其曲轴转矩小，压力脉动小，运转平稳，振动和噪声小；最后，其零部件数量少，易损零件少，可靠性高且结构简单，体积小[16]。因此，涡旋式压缩机具有容积效率及等熵效率高、能效比高、振动小、噪声低、零部件少、可靠性高及寿命长等优点，但其设备加工精度、检验设备和装配技术要求相对高，制造成本相对也高。

目前，涡旋式压缩机最大容量可达 92kW，主要应用于小、中容量空调机组，如多联式空调机组。小型涡旋式压缩机也用于家用空调器和汽车空调。

（4）螺杆式压缩机。螺杆式压缩机是一种高速回转的容积式压缩机，由阴阳转子、吸排气端座、排气活塞、能量调节机构、轴承、联轴器等零部件组成（如图 3-18 所示）。其中，凸齿的转子被称为阳转子，因其与电动机相连，是功率输入端，又被称为主动转子。主动转子的吸气端安装平衡活塞以降低排气侧与进气侧之间的压差所产生的轴向推力。转子底部安装的滑阀通过油缸、活塞和传动杆沿轴向移动，以调节输气量。

图 3-18 螺杆式压缩机内部结构

阴阳转子与机体之间所形成的 V 字形齿间容积被称为基元容积。从吸气过程开始，螺杆式压缩机的基元容积随着转子旋转运动而逐渐变小，且空间位置不断移动，从而完成制冷工质压缩过程，然后通过排气孔进行排气。阴阳转子在每个运动周期内有若干个基元容积依次进行吸气、压缩和排气过程。吸排气孔口呈对角线布置，吸气孔口位于低压力区的端部，排气孔口位于高压力区的端部。

螺杆式压缩机具有零部件少、无易损件、动力平衡好、制冷工质适应性强、运转平稳、高效工况范围宽、体积小、转速高（2000r/min 以上）、振动小、排气温度较低，且其强制输气的特点使得容积流量几乎不受排气压力影响，可获得较高的压比（经济压比：4.7～5.5），但其阴阳转子及气缸加工精度要求高，噪声大，润滑油处理系统复杂，排气压力不宜超过 3MPa，容积流量大于 $0.2m^3/min$ [17-19]。

目前，螺杆式压缩机不宜用于小容量或超低温运行环境下的压缩式热泵机组，主要用于中低压范围的中等容量压缩式热泵机组、中低温压缩式热泵机组以及复叠式低温冷冻机。

（5）离心式压缩机。离心式压缩机靠叶轮旋转、扩压器扩压而实现制冷工质压缩，是一种速度型压缩机，主要由转子和定子两部分构成，如图 3-19 所示。其中，转子主要包括叶轮、主轴和平衡盘，主要用于提高制冷工质压力能和动能，并防止泄漏；定子主要包括机壳、进气室、进口导叶、扩压器、弯道、回流器和蜗室，主要发挥引导气流和减速增压的作用。

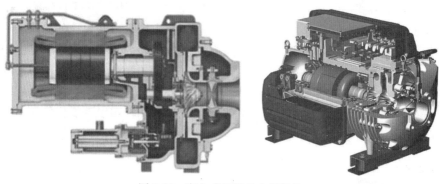

图 3-19　离心式压缩机内部结构

在离心式压缩机中，制冷工质气体由吸气室进入，并通过旋转叶轮对制冷工质气体做功，提高制冷工质气体压力、温度及速度，然后再进入扩压器以实现减速增压，并经由蜗壳排出，如此实现吸气、压缩和排气三个过程。

离心式压缩机不需要润滑油系统，运转时的惯性力及振动小，且可实现多级冷却、压缩（压比在 2～30 之间），具有运动部件少、转子转速较高（1800～90000r/min）、容积流量大（0.03～15m³/s）、效率高、结构紧凑、尺寸小、质量轻、维修量小以及调节方便等优点，但其小流量时易发生喘振，稳定运行工况区窄，单级压比低，对材料强度要求高，加工精度和制造质量要求高，对制冷剂的适应性差[17-19]。

目前，离心式压缩机主要用于运行工况较稳定的大、中容量压缩式热泵机组，不宜用于小流量或高压比或较宽运行工况区的压缩式热泵机组和低温冷冻机组。

总体而言，活塞式压缩机、滚动转子式压缩机、涡旋式压缩机、螺杆式压缩机和离心式压缩机均应用于供热系统的电动压缩式热泵机组，以实现低温热能升级利用。不同类型压缩机综合性能比较见表 3-1。

表3-1　不同类型压缩机比较[17-19]

类型		密闭形式	容量（kW）	主要用途
往复式	活塞式	开放	0.40～120.00	冷冻、空调、热泵、小型空调
		半密闭	0.75～45.00	冷冻、空调、热泵
	斜盘式	全密闭	0.10～7.50	冷冻、空调
		开放	0.75～2.20	小型空调
旋转式	滚动转子	开放	0.75～2.20	小型空调
		全密闭	3.70～37.00 0.10～0.55	冷冻、空调、热泵 冷冻、空调
	滑片式	开放	0.75～2.20	空调
		全密闭	0.60～5.50	冷冻、空调
	罗茨式	开放	3.70～37.00	冷冻
	涡旋式	开放	0.75～2.20	小型空调、热泵
		全密闭	2.20～5.50	空调、热泵
螺杆式	单轴式	开放	55.00～150.00	冷冻、空调、热泵
	双轴式	开放	3.70～860.00	空调、热泵
		全密闭	55.00～300.00	冷冻、空调、热泵
离心式		全密闭		
		开放	100.00～6000.00	冷冻、空调、热泵

涡旋式压缩机主要用于小、中容量电动压缩式热泵机组（单机制冷量Q_{eva}≤150kW），制热系数一般为4.5～6.5；螺杆式压缩机主要用于中等容量电动压缩式热泵机组（单机制冷量1163kW≥Q_{eva}>150kW），制热系数一般为4.7～6.8；离心式压缩机主要用于大容量中低温电动压缩式热泵机组（单机制冷量Q_{eva}>1163kW），制热系数一般为4.7～6.8。热泵压缩机选型应考虑热泵功能、运行工况、制热或制冷参数需求、热泵工质、热泵容量、部分负荷率分布。通常，大容量热泵机组采用离心式压缩机，中等容量的热泵采用螺杆式压缩机，小容量热泵机组采用涡旋式压缩机、滚动转子式压缩机、活塞式压缩机。电动压缩式热泵机组在用于工业过程时，需要根据用途以及运行工况区选定工质；电动压缩式热泵机组用于集中供热系统以回收利用低温热能，并有利于实现城镇热网和电网耦合、互通互调，提高城镇能源系统韧性和能效水平。

2. 热驱动溴化锂吸收式热泵

热驱动溴化锂吸收式热泵又可分为增热型溴化锂吸收式热泵和升温型溴化锂吸收式热泵（又被称为"吸收式热交换器"）。

（1）增热型溴化锂吸收式热泵。增热型溴化锂吸收式热泵则是利用较高品位热能驱动热泵工质循环，实现热量从低温热源传递至较高温热源，从而对低温热能升级利用，其溶液循环系统相当于压缩式热泵的压缩机以实现制冷工质的压缩，可称之为"热力压缩机"。增热型溴化锂吸收式热泵循环示意及机组外形如图 3-20 所示。

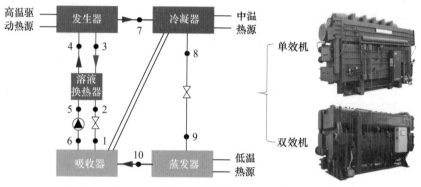

图 3-20　增热型溴化锂吸收式热泵循环示意及机组外形

增热型溴化锂吸收式热泵主要由发生器、冷凝器、溶液换热器、节流装置、吸收器、蒸发器、溶液屏蔽泵和冷剂屏蔽泵组成，其中发生器和冷凝器处于较高压力工作区，吸收器和蒸发器处于较低压力工作区。增热型溴化锂吸收式热泵根据驱动热源可分为蒸汽型、热水型、直燃型、余热型和复合型；根据驱动热源利用方式又可分为单效、双效以及多效。

对于溶液循环，来自溶液换热器的溴化锂稀溶液进入高压发生器，被高温驱动热源加热以发生出高浓度溴化锂溶液和较高温水蒸气；较高浓度的溴化锂溶液首先作为加热热源进入溶液换热器，被冷却降温；其次，溴化锂浓溶液进入低压吸收器以吸收来自蒸发器的低压水蒸气，变成低浓度溴化锂溶液，同时将热量释放给冷却水而被冷却降温；最后，溴化锂稀溶液经由溶液屏蔽泵增压后，再进入溶液换热器被较高温浓溶液加热升温，最后返回至发生器，如此完成溴化锂溶液浓度的变化以及水蒸气压缩过程。

对于制冷剂循环，来自发生器的较高压水蒸气首先进入冷凝器被冷凝为冷剂水，与此同时在冷凝器中对冷却水进行加热升温；其次流经节流装置降压后，进入蒸发器，并在蒸发器中被低压热源加热为低压水蒸气；最后，低压水蒸气进入吸收器，被溴化锂浓溶液吸收，与此同时将低温热源的低温热能传递至吸收器中的较高温冷却水。比热较小的溴化锂溶液吸收水蒸气潜热后，其温度大幅提升，从而实现热能品位提升。

由上述热力过程分析可知，溴化锂吸收式热泵热力过程实际上由一个基于溴化锂溶液的正循环和一个基于水的逆循环构成，二者以串联方式进行耦合。也即是说，溴化锂溶液循环产生做功能力被用于驱动水蒸气热力压缩；冷剂水循环实现热能从蒸发器侧的低温热源转移至冷凝器侧的较高温热源的非自发过程，其所需较高品位能量的补偿来自溴化锂溶液循环。

理想的单效溴化锂吸收式热泵循环系统的压温及温熵示意如图 3-21 所示。

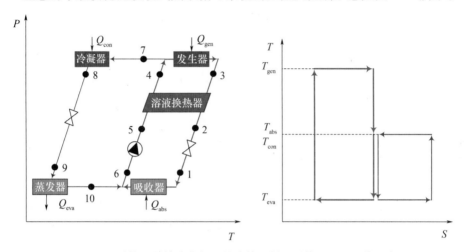

图 3-21　增热型单效溴化锂吸收式热泵循环系统压温和温熵示意

对于单效溴化锂吸收式热泵理想循环系统，做如下假设：

① 整个溴化锂吸收式热泵循环过程是可逆的；

② 发生器热媒温度为 T_{gen}；

③ 蒸发器热源温度为 T_{eva}；

④ 吸收器吸收温度 T_{abs} 等于冷凝器中冷凝温度 T_{con}；

⑤ 忽略溶液屏蔽泵和冷剂水屏蔽泵 W_p。

对于增热型单效溴化锂吸收式热泵循环系统，其制热系数 COP_h 被定为吸收器和冷凝器负荷之和与发生器负荷之比，计算公式如下：

$$COP_h = \frac{Q_{abs} + Q_{con}}{Q_{gen}} \tag{3-38}$$

由热力学第一、第二定律可知：

$$Q_{abs} + Q_{con} = Q_{gen} + Q_{eva} \tag{3-39}$$

$$\Delta S = \Delta S_{gen} + \Delta S_{con} + \Delta S_{abs} + \Delta S_{eva} \tag{3-40}$$

$$COP_h = \frac{T_{gen} - T_{eva}}{T_{gen}} \times \frac{T_{con}}{T_{con} - T_{eva}} \tag{3-41}$$

增热型溴化锂吸收式热泵的制热系数计算公式再次证明吸收式热泵循环是

正、逆循环耦合的热力循环，其性能取决于驱动热源、低温热源和制热温度。通常，驱动热源温度越高，吸收式热泵机组制热系数越大；低温热源温度越高，吸收式热泵制热系数越大；制热温度越高，吸收式热泵制热系数越小。其中，需要说明的是，驱动热源温度不宜过高，冷却水温度也不宜太低，以避免溴化锂吸收式热泵产生溶液结晶事故。鉴于此，驱动热源与供热载体温度参数应做好优化匹配。增热型溴化锂吸收式热泵的制热系数分布在 1.5～2.8[17]。

增热型溴化锂吸收式热泵循环系统处于低真空状态，且溴化锂溶液在大气环境中拥有更强的腐蚀性，因此溴化锂吸收式热泵机组对防腐、密封性能要求较高，对溴化锂吸收式热泵机组维护的专业性要求也较高。相对电动压缩式热泵，热驱动溴化锂吸收式热泵的驱动能源品位相对较低，系统较复杂，制冷剂比容较大，机组体积较大，且初投资较高。然而，热驱动溴化锂吸收式热泵的制冷剂环保、噪声及振动小，且可高效利用中低温热能（如工业废热），有利于实现能量梯级综合利用。因此，热驱动溴化锂吸收式热泵较广泛地应用于中低温余热的富集场所，如工业余热回收与利用系统——基于吸收式换热的热电联产集中供热系统、工业余热集中供热系统和分布式冷热电三联供系统。相对于制冷工况，热驱动吸收式热泵在制热工况下可获得更好的能源、环保及经济效益。

（2）升温型溴化锂吸收式热泵（吸收式热交换器）。升温型溴化锂吸收式热泵是利用大量的中温热能产生少量的较高温热能，即以中温热能作为驱动热源，借助于升温型溴化锂吸收式热泵循环系统充分利用中温热源与低温热源的热势差，以制取少量的温度高于中温热源的热量，从而实现将部分中温热能提升至更高温度。升温型溴化锂吸收式热泵循环系统及机组外形示意如图 3-22 所示。

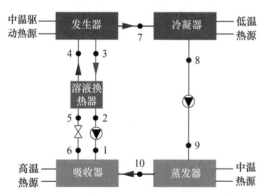

图 3-22　升温型单效溴化锂吸收式热泵循环系统及实体外形

升温型溴化锂吸收式热泵与增热型吸收式热泵的系统构成基本相同。但需要指出的是，对于升温型溴化锂吸收式热泵循环系统，蒸发器和吸收器处于较高的运行压力区，而发生器和冷凝器处于较低的运行压力区，这显著区别于增热型溴化锂吸收式热泵循环系统。此外，对于升温型溴化锂吸收式热泵，吸收器中所释放的热能温度远高于驱动热源温度，因此被称为升温型溴化锂吸收式热泵。

对于溴化锂溶液循环，首先，来自溶液换热器的溴化锂稀溶液在低压发生器中被中温热源加热而生成溴化锂浓溶液和低压水蒸气；其次，来自发生器的低温溴化锂稀溶液经由溶液屏蔽泵增压后，进入溶液换热器被溴化锂稀溶液加热升后进入高压吸收器中，吸收来自蒸发器的较高压力水蒸气而大幅提升溴化锂稀溶液温度，同时作为加热热源对热媒进行加热升温；再次，来自吸收器的溴化锂稀溶液经溶液屏蔽泵增压后，再作为加热热源进入溶液换热器放热降温；最后，返回至发生器，如此完成一个溴化锂溶液循环。

对于冷剂水循环，首先，来自发生器的低压水蒸气在冷凝器中被低温冷媒冷凝为冷剂水；其次，冷剂水经由冷剂泵增压后，进入蒸发器，被中温热媒加热而蒸发出高压水蒸气；最后，水蒸气进入吸收器，被溴化锂浓溶液吸收，再与溴化锂溶液一起依次进入溶液换热器、发生器，如此完成一个冷剂水循环。

由此可见，升温型溴化锂吸收式热泵循环系统（吸收式热交换器）也是由基于溴化锂溶液的正循环与基于冷剂水的逆循环构成，二者是串联耦合关系。

对于升温型单效溴化锂吸收式热泵的理想循环系统，做如下假设：

① 整个吸收式热泵循环过程是可逆的；

② 发生器热媒温度为 T_{gen}；

③ 蒸发器热源温度 T_{eva} 等于 T_{gen}；

④ 冷凝器中冷凝温度 T_{con} 等于环境温度；

⑤ 忽略溶液屏蔽泵和冷剂水屏蔽泵的功耗 W_p。

理想的升温型单效溴化锂吸收式热泵循环系统的压温图及温熵图示意如图 3-23 所示。

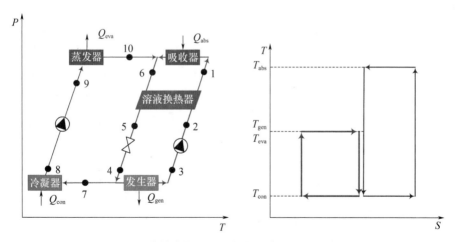

图 3-23 升温型单效溴化锂吸收式热泵循环系统压温和温熵示意

对于升温型单效溴化锂吸收式热泵循环系统，其制热系数 COP_h 被定为吸收器负荷与发生器负荷和蒸发器的负荷之和的比值。计算公式如下：

$$COP_h = \frac{Q_{abs}}{Q_{gen} + Q_{eva}} \qquad (3\text{-}42)$$

由热力学第一、第二定律可知：

$$Q_{abs} + Q_{con} = Q_{gen} + Q_{eva} \qquad (3\text{-}43)$$

$$\Delta S = \Delta S_{gen} + \Delta S_{con} + \Delta S_{abs} + \Delta S_{eva} \qquad (3\text{-}44)$$

$$COP_h = \frac{T_{gen} - T_{con}}{T_{gen}} \times \frac{T_{abs}}{T_{abs} - T_{eva}} \qquad (3\text{-}45)$$

升温型单效溴化锂吸收式热泵循环系统的制热系数计算公式再次证明吸收式热泵循环是正、逆循环耦合的热力循环，其性能取决于驱动热源、低温热源和制热温度需求。通常，驱动热源温度越高，吸收式热泵制热系数越大，但其增幅较小；低温热源温度越高，吸收式热泵制热系数越大，但其增幅也较小；所需求热能温度越高，机组制热系数越小；中温热源与低温热源温差越大，吸收式热泵的升温效果越显著。

升温型溴化锂吸收式热泵的升温能力 ΔT 一般为 $15\sim40℃$，其制热系数分布在 $0.4\sim0.5$。

升温型溴化锂吸收式热泵部分特点与增热型溴化锂吸收式热泵（吸收式热交换器）的相似，但其主要功能是制取较高品位的热能，以满足较高品位热能需求，提高能源利用深度与广度。目前，升温型溴化锂吸收式热泵主要用于工业节能工艺系统，以回收利用中低温工业废热制取低压蒸汽，如石油化工。

3.2.3 不同类型储热技术特点及应用

储热技术是以储热材料为媒介将太阳能光热、地热、低品位废热等储存起来以备供热尖峰所需，旨在解决电、热、冷负荷供需在时间、空间以及能量品位上的不匹配问题，以最大限度地利用低品位热能、风电以及光电，促使热、电、气三网协同高效运行，提高智慧城市低碳能源利用系统能效水平。储热方式按照储热原理可分为显热储热、潜热储热和热化学反应储热；根据储热周期，又分为短期储热和长期储热。储热技术体系架构如图 3-24 所示。

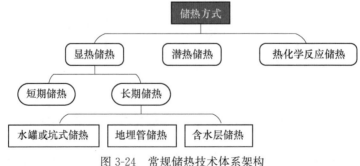

图 3-24　常规储热技术体系架构

显热储热方式是通过储热材料自身温度的变化来进行热量的储存与释放。潜热储热方式是指通过储热材料自身相态变化过程的吸/放热来实现热量的存储与释放，并基本保持储/放热过程中温度的恒定。热化学反应储热方式是根据化学反应的可逆性原理，利用反应过程中所产生的反应热进行热能存储的方式，实现将热能转化为化学能，并在需要时进行逆向转化。三种储热方式的储热原理不同，其技术特点也存在较大差异，见表 3-2。

表 3-2　三种储热技术特点[20-23]

储热方式	规模 MW	周期规模	成本（€/m³）	储能密度（kW·h/m³）	稳定性	响应性	经济性	优点	缺点
显热储热	0.001～10	小时、天	30～500	15～50	高	快	便宜	①系统集成简单；②储热成本低；③介质环境友好。	①储能密度很低；②系统体积庞大；③热损失大。
潜热储热	0.001～10	小时、天	50～500	40～150	较高	慢	较昂贵	①近等温释热，热控容易；②储能密度高。	①储热介质与容器相容性很差；②相变材料较贵。
热化学反应储热	0.01～1	天、月	200～5000	60～130	低	慢	昂贵	①储能密度最高；②散热损失小；③化学性质稳定。	①储/释热过程复杂，控制难；②传热传质特性差。

储热技术按照储热周期又可划分为短期储热和长期跨季节储热。二者的技术特点比较见表 3-3。

表 3-3　短期和长期储热技术特点[20-23]

项目	短期储热	长期储热
优点	能够实现日或周内负荷调峰	能够实现跨季节负荷调峰
储热容量（MW·h）	10～50	50～1000
型式	水箱、水罐	罐、地坑、含水层
成本	30～50	30～500
热损失	<5%	约30%

跨季节储热方式又可划分为水罐或坑式储热方式、钻井土壤储热方式以及含水层储热方式。三者的技术特点比较见表 3-4。

表 3-4　不同跨季节储热方式技术特点[20-23]

项目	水罐或坑式储热	钻井土壤储热	含水层储热
安装	地面或地下	地下	地下
储热材料	水	水或砾石	土壤
保温	需要	不需要	顶部需要
地质要求	无	两层间距较大的岩层，透水性高	高热容，导热性好，低透水性，可钻孔
优点	无地质条件需求	无须地面建设用地，使用寿命长，投资回收期短	无需地面建设用地
不足	建设用地面积大	地质条件要求高，通常需要热泵	地质条件要求高，成本高，稳定性高

1. 显热储热

显热储热方式是利用储热材料自身的高热容和热导率，通过提升自身温度而达到储热的目的，其系统简单，成本低廉，使用寿命长以及热传导率高，但其储热量小，放热过程温度变化大，热损失较大。

$$Q = \int_{t_1}^{t_2} m \cdot c_{\mathrm{p}} \mathrm{d}t \qquad (3\text{-}46)$$

目前，显热储热材料主要有水、导热油、熔盐、岩石等热容较大的物质。其技术特点比较见表 3-5。

表 3-5　常规显热储热材料技术特点[20-23]

项目	水	导热油	熔盐	岩石
适用温度（℃）	0～100	20～400	250～600	20～700
比热 [kJ/（kg·K）]	4.2	2.0～2.6	1.2～1.6	1.2～1.8
密度（kg/m³）	约 995	约 800	约 1950	2000～3900
成本（元/kg）	0.006	25～45	4～91	0.4～1.0
特点	价格低，低温易膨胀，高温易气化	价格高，易燃，蒸汽压力高，易氧化，易结焦	价格高，腐蚀性强，有毒性	稳定性差，强度随时间衰减
技术成熟度	高	高	高	高

在北方地区采暖系统中，短期显热储热方式应用较为普遍。根据储热材料差

异，短期显热储热方式又可分为水箱储热、坑式储热、钻井土壤储热以及含水层储热。

水是自然界最容易得到的廉价储热、储冷材料，具有系统简单、技术要求低、维护费用少的优点，但其储能温差小，储能密度低，储能装置占地面积大。大规模的以水为储热材料的显热储热方式宜用于建设用地富余的热源厂或能源站。

目前，常用的储热水箱、水罐及水罐群如图 3-25 所示。

图 3-25 小、中型储热水罐

储热水罐具有水容量较小以及储热密度低等特点，可用于小规模热用户，也可用于大型集中供热系统的热力站进行储热调峰。

坑式储热系统内部结构示意及外观如图 3-26 所示。

图 3-26 坑式储热系统结构及外观

坑式储热系统具有较大的储热容量，但其建设用地面积较大，宜用于热源站或中继能源站内集中布置，以用于供热负荷调峰。

钻井土壤储热系统设计及布置如图 3-27 所示。

图 3-27　钻井土壤储热系统设计及布置

钻井土壤储热系统的储热密度低，储热容量小，宜用于地质条件合适的热用户或热力站，或建设用地富余的中继能源站。

含水层储热系统设计及布置如图 3-28 所示。

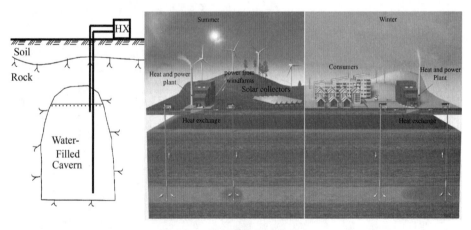

图 3-28　含水层储热系统示意

含水层储热系统具有高的储热密度，储热容量大，但其投资大且地质条件要求较高，因此宜用于地质条件合适的热源站或中继能源站。

四种短期显热储热技术特点见表 3-6。

3 水热型地热供热系统集成

表 3-6 四种短期显热储热方式技术特点[20-23]

项目	水罐/箱储热	坑式储热	钻井土壤储热	含水层储热
储热材料	水	水	土壤	地热水
储热密度（kWh/m³）	50	30～50	15～30	30～40
储热容积（m³）	1～20000	3000～12600	3000～50000	20000～30000
建设成本（€/m³）	30～500	30～500	50～150	40～100
适用性	分散式储热	集中式或分布式储热	分散式储热	集中式储热

2. 潜热储热

潜热储热是利用物质在固-液、液-气、气-固及固-固相态变化过程中吸收或释放相变潜热而进行储热，故又被称为相变储热。相对于显热储热方式，潜热储热方式的储能密度较高，其吸放热过程温度较稳定。

潜热储热量计算公式如下：

$$Q = \int_{t_1}^{t_2} m \cdot c_{ps} \mathrm{d}t + m \cdot q_1 + \int_{t_2}^{t_3} m \cdot c_{pl} \mathrm{d}t \tag{3-47}$$

固-液相变储热系统如图 3-29 所示。

图 3-29 固-液相变储热系统

固-固相变材料在相变过程中仅晶体结构发生变化，其体积变化较小，但其储能密度较低；固-气和液-气相变材料的相变潜热值大，但其体积变化较大；固-液相变材料的相变潜热值较大且体积及压力变化较小，是较理想的储热材料[22-25]。

相变材料根据化学性质可划分为有机类、无机类和共晶类。有机相变材料又可划分为石蜡和非石蜡。其中，石蜡是直链烷烃，其熔点随着相对分子质量和碳原子数的增加而升高，具有良好的化学及热稳定性，但其热导率和相变潜热值较小；脂肪酸是非石蜡类相变材料，具有易燃性，不宜暴露在较高温度、火焰等环境中[20-23]。无机相变材料主要包括盐水合物、熔融盐和金属。其中，盐水合物在蓄/放热过程中易出现过冷和相分离现象，需要添加防相分离剂和过冷剂；熔融盐使用温度范围广，热稳定性较好，但其在高温下具有较强的腐蚀性；金属具有较高的导热性能，但其比热容较小，过载情况下会导致过高的温度[20-23]。共晶相变材料是两种或更多种组分的混合物，其熔融温度低于组成化合物的熔融温度，但不会发生相分离，在暖通空调领域应用较少。

潜热储热方式根据相变温度高低又可划分为低温潜热储热方式和高温潜热储热方式。相变温度低于100℃被称为低温相变材料，相变温度处于100～250℃被称为中温相变材料，相变温度高于250℃被称为高温相变材料[20-22]。通常，低温潜热储热方式主要用于低温废热回收、太阳能储存以及供暖和空调制冷系统的负荷调节；高温潜热储热方式主要用于太阳能储热、风电储能等方面。在集中供热系统中，低温相变材料主要有石蜡、无机水合盐、脂肪酸；高温相变材料主要采用氟化物、氯化物、硝酸盐、碳酸盐、硫酸盐类。

常规潜热储热材料的技术特点比较见表3-7。

表3-7　常规潜热储热材料特点[20-23]

项目	石蜡	无机水合盐	脂肪酸	无机盐
熔点（℃）	6～15	5～130	10～200	250～1680
相变潜热（kJ/kg）	150～280	140～300	140～350	68～1041
密度（kg/m³）	760～940	1500～2070	980～1520	1460～3180
导热性能	低	中低	低	中低
腐蚀性	弱	强	弱	强
过冷度	小	大	大	中
成本（元/kg）	5～20	1～10	10～28	2～15
技术成熟度	中高	中	中低	中低

无机水合盐类的化学稳定性好，单位体积储热密度高，相变潜热值大，但其易过冷，腐蚀性较强，热循环稳定性较差，是当前应用潜力较大的相变材料。

相变储热材料的筛选原则[22-25]如下：

① 具有与待储热能温位相匹配的相变温度，且相变过程不发生熔析现象；

② 选择相变潜热较大的储热材料以降低材料消耗量及储热装置体积；

③ 选择导热性能较高的材料，以提高储热温度一致性及储热能力，缩短储热与放热响应时间；

④ 选择发生可逆相变时的过冷度小、体积膨胀率小、性能稳定的相变材料；

⑤ 选择价格低廉、密度较高、不易燃、无毒，且与容器材料相容的相变材料。

冰蓄冷是一种常见的相变蓄能方式，其工艺就是将水制成冰，利用冰的相变潜热进行冷量的储存。与水蓄冷相比，冰蓄冷在储存同样多的冷量前提下，其所需的体积显著小于水蓄冷的。

冰蓄冷系统具有以下特点：

① 冷冻水温度可降到1～4℃，可实现大温差、低温送风，节省输送系统的投资及能耗；

② 降低制冷主机容量，节省冷源系统电力增容费和供配电设施建设费；

③ 平抑电网峰谷负荷，节省电厂和供配电设施的建设投资；

④ 利用电网峰谷负荷电价差，节省空调系统运行费用；

⑤ 有利于冷（热）综合利用，提高系统能量的利用率；

⑥ 可作为应急冷（热）源，以提高空调系统的可靠性；

⑦ 在不计电力增容费的前提下，其一次性投资通常比常规空调系统的高；

⑧ 蓄能装置要占用一定的建筑空间；

⑨ 制冷蓄冰的制冷主机效率比在空调工况下的低。

目前，蓄冰形式主要有冰盘管式、完全冻结式、制冰滑落式、密封件式、冰晶式。五种蓄冰方式技术特点比较见表3-8。

表3-8　五种蓄冰方式技术特点

类型	冰盘管式	完全冻结式	制冰滑落式	密封件式	冰晶式
制冰方式	静态	静态	动态	静态	动态
结冰、融冰	单向结冰 异向融冰	单向结冰 同向融冰	单向结冰 全面融冰	双向结冰 双向融冰	—
制冷方式	直接蒸发或 载冷剂间接	载冷剂间接	直接蒸发或 载冷剂间接	载冷剂间接	直接蒸发或 载冷剂间接
蓄冷空间 （kW·h/m³）	2.8～5.4	1.5～2.1	2.1～2.7	1.8～2.3	3.4
蓄冰槽出水 温度（℃）	2～4	1～5	1～2	1～5	1～3
释冷速率	中	慢	快	慢	极快
适用范围	民用空调系统 或工艺制冷	民用空调系统	空调系统或 食品加工工艺	民用空调系统	空调系统或 食品加工工艺

3. 化学反应储热

化学反应储热是将化学反应热通过化学物质储存起来，吸热反应储存能量，其逆反应放出能量。把热能转化为化学能的形式进行存储，是一种高能量、高密度的能量储存方式。典型的化学反应储热体系有氢氧化物分解、氨的分解、碳酸盐分解、甲烷-二氧化碳催化重整、铵盐热分解、有机物氢化和脱氢反应。常用化学反应储热材料如金属氢化物、氧化物、过氧化物、碳酸盐、三氧化硫等。

化学反应储热方式具有适用温度范围较宽、储能密度高（是显热或相变储能的 $2\sim10$ 倍）、常温储存无须保温、防腐蚀性要求较低、投资较少等优点，但其工艺较复杂，循环效率较低，初投资较高，且运行及维护费用较高[22-25]。

目前，化学反应储热方式主要用于中高温储热领域，但其目前尚处于小试研究阶段，仍有许多工程技术问题有待解决。

4. 储热方式选择原则

储热方式的选择需要考虑如下因素[22-25]：

① 储热系统功能定位：同种能量的负荷调峰，或不同种能量的负荷调峰。

② 考虑储能密度及储能容量需求，符合工程实际建设条件。

③ 考虑储能周期及能量损失大小要求，响应储能系统建设目标及能源条件。

④ 能量输出和输入的难易程度。

⑤ 能量输入与输出的响应时间需求。

⑥ 储能系统布置方式，如集中式、分布式、分散式。

⑦ 工程建设条件，如建设用地、地质条件、投资限度。

⑧ 安全性：不同储热布置方式对储热系统安全性要求不同。

⑨ 能源及环保政策：财政补贴政策，能源价格激励措施。

⑩ 经济效益：投资回收期、年利润、内部收益率。

3.2.4　不同类型尖峰设备特点及适用性

在供热系统中，供热负荷调峰设备的运行时间相对较短，主要用于提供较高温度的热能，以满足采暖寒期的高供热负荷需求。

1. 直燃型高温溴化锂吸收式热泵

直燃型高温溴化锂吸收式热泵的吸收式热泵循环系统与蒸汽型溴化锂吸收式热泵的相同，只是在加热方面存在差别，其发生器由高温烟气直接加热。其机组外形如图 3-30 所示。

该型吸收式热泵可用于回收 5℃ 以上低温热能，制取高达 95℃ 的热水，可用作低温供暖系统的调峰设备，机组容量分布在 837～66000kW。

2. 汽-水换热器

对于热电联产集中供热系统而言，汽-水换热器常是供热负荷调峰常用设备，也即是利用汽轮机抽汽在汽-水换热器中对热网循环水进行加热升温。其实体外形如图 3-31 所示。

图 3-30　直燃型高温溴化锂
吸收式热泵

板式换热器   管壳式换热器

图 3-31 板式和管壳式汽-水换热器

汽-水换热器易于制造，成本低，易于维护，通常用于具有中低压蒸汽汽源的热源站，如热电厂。

3. 调峰锅炉

锅炉根据使用功能可分为基础供热负荷锅炉和调峰负荷锅炉；根据燃料又可以分为燃煤锅炉和燃气锅炉。相对于燃煤锅炉，燃气锅炉结构简单、紧凑、体积小、质量轻、环保性好，易于实现自动化控制，且调节灵活、启停迅速、负荷适应性强。燃煤锅炉和燃气锅炉实体外形如图 3-32 所示。

燃煤锅炉   燃气锅炉

图 3-32 燃煤和燃气锅炉实体

锅炉作为调峰热源设备，需要消耗化石能源，并排放大量的大气污染物。相对于汽-水换热器，锅炉的投资成本较高，污染物排放量大，能源成本较高，且其热力过程的不可逆损失较大。相对于燃煤锅炉，燃气锅炉虽然排放的大气污染物相对较少，但其运行成本较高。

目前，燃煤或燃气锅炉主要用于无低压蒸汽源的热源站或热力站供热调峰，其中燃气锅炉主要应用于大气环境质量控制较为严格的地区，如北京市区。

3.2.5 不同类型大温差换热机组特点及适用性

大温差换热设备是制冷循环系统与水-水换热器有机耦合在一起的能量高效转换

与传递设备，将逆循环引入一次热网循环水与二次热网循环水传热过程，按照温度对口、梯级利用原则实现对一次热网循环水的有用能进行梯级综合利用，以降低传热过程的不可逆损失。大温差换热机组系统能量梯级利用原理示意如图 3-33 所示。

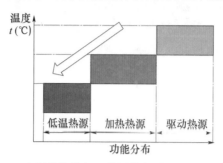

图 3-33　大温差换热机组能量梯级利用原理示意[26-27]

目前，大温差换热机组有吸收式大温差换热机组、喷射式大温差换热机组和压缩式大温差换热机组。三种大温差换热机组因其能量传递与转换机理不同而表征出不同的技术特点，产生不同的运行效果。

1. 吸收式大温差换热机组

吸收式大温差换热机组是清华大学提出的基于吸收式制冷循环的高效大温差换热设备，在热力站可通过梯级利用一次热网供水热能，将一次热网回水温度降至 25℃，致使一次热网回水温度远低于二次热网回水温度，从而实现大温差换热机组传热效能远大于 1，突破常规水-水换热机组的传热效能极限。吸收式大温差换热机组系统流程示意及产品如图 3-34 所示。

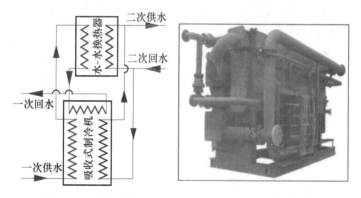

图 3-34　吸收式大温差换热机组系统流程及产品[26-27]

一次热网循环水工作流程为：一次热网供水首先作为驱动热源进入溴化锂吸收式制冷机的发生器，加热溴化锂稀溶液，以生成冷剂蒸汽，进而变成溴化锂浓溶液；其次，作为加热热源进入水-水换热器，加热部分二次热网回水，继续放热降温；最后，作为低温热源进入溴化锂吸收式制冷机的蒸发器以加热液态冷剂水而进一步放热降温，低温热水作为一次热网回水返回一次热网回水管线，如此实现一次热网循环水热能梯级利用。

二次热网循环水工作流程为：二次热网回水分为两路，一路依次通过溴化锂吸收式制冷机的吸收器和冷凝器以实现逐级吸热升温，另一路通过水-水换热器吸热升温，升温后的两路二次热网循环水汇合，并作为二次热网供水，进入二次热网供水管线。

溴化锂吸收式制冷机的溴化锂溶液工作流程为：首先，溴化锂稀溶液由溶液泵加压后，被泵送至溶液热交换器，被来自发生器的高温溴化锂浓溶液加热升温；其次，溴化锂稀溶液进入发生器，被一次热网循环水加热而变成溴化锂浓溶液和冷剂蒸汽；再次，来自发生器的溴化锂浓溶液进入溶液热交换器被溴化锂稀溶液冷却降温；最后，降温后的溴化锂浓溶液进入吸收器，吸收来自蒸发器的冷剂蒸汽而变成溴化锂稀溶液，如此完成溴化锂溶液的发生与吸收循环。

溴化锂吸收式制冷机的冷剂水工作流程为：首先，来自发生器的冷剂蒸汽进入冷凝器，被二次热网循环水冷却而凝结成液态冷剂水；其次，液态冷剂水经节流装置进入蒸发器，被一次热网循环水加热而蒸发为低压冷剂蒸汽；最后，低压冷剂蒸汽进入吸收器，被溴化锂浓溶液吸收，从而返回至溴化锂稀溶液，如此完成冷剂的压缩、冷凝、膨胀与蒸发循环。

吸收式大温差换热机组采用溴化锂吸收式制冷机回收利用一次热网循环水中的有用能，产生制冷效应，以实现热能从较低温度的一次热网循环水传递至较高温度的二次热网循环水，从而大幅度降低一次热网回水温度。

吸收式大温差换热机组传热性能高，负荷调节性能好，耗电量少，技术成熟，但其对一次热网供水温度要求较高，宜用于高温供热系统的新建热力站或建设用地富裕的老旧热力站大温差供热技术改造。

2. 喷射式大温差换热机组

喷射式大温差换热机组是基于喷射制冷循环的高效大温差换热装置。其系统流程示意如图 3-35 所示。

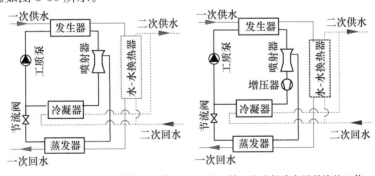

（a）第一代喷射式大温差换热工艺　　（b）第二代喷射式大温差换热工艺

图 3-35　喷射式大温差换热机组系统流程示意[28-31]

喷射式大温差换热机组在热力站也可对一次热网循环水热能进行梯级利用，将一次热网回水温度降至25℃，其传热效能也大于1，具有较高的传热性能。

一次热网循环水的工作流程为：一次热网高温供水首先作为驱动热源进入喷射制冷机的发生器驱动制冷机工作而放热降温；其次，作为加热热源进入水-水换热器，被二次热网回水冷却，再次放热降温；再次，作为低温热源进入喷射制冷机的蒸发器中被制冷剂冷却而进一步放热降温；最后，作为一次热网回水返回一次热网回水管线。

二次热网循环水的工作流程为：二次热网回水分为两路，一路进入喷射制冷机的冷凝器被气态制冷工质加热升温，另一路进入水-水换热器被一次热网循环水加热升温，升温后的两路二次热网循环水汇合后，作为二次热网供水进入二次热网供水管线。

喷射制冷机的制冷工质工作流程为：来自冷凝器的液态制冷工质分为两路，一路经工质泵加压后进入发生器，被一次热网循环水加热而生成高压制冷工质蒸汽，并作为工作流体进入喷射器。另一路液态制冷工质经节流降压后进入蒸发器，被低温一次热网循环水加热而生成低压制冷工质蒸汽，并作为引射流体进入喷射器。在喷射器中，压力较高的工作流体引射压力较低的引射流体，以实现工作流体和引射流体的能量传递与转换。来自喷射器的制冷工质进入增压机增压后，进入冷凝器，再被二次热网循环水冷却而凝结，如此完成一个喷射制冷循环。

喷射式大温差换热机组的第二代工艺在第一代工艺基础上增加增压机，以提升喷射式大温差换热机组运行调节性能，具有系统简单、换热性能高、负荷调节性好、运行维护方便、制造成本低的优点，但其对一次热网供水温度要求与吸收式大温差换热机组的相同，且需要消耗较多的电能，因此宜用于中低温工业余热回收与利用、高温供热系统的老旧热力站大温差供热技术改造。

3. 压缩式大温差换热机组

压缩式大温差换热机组是基于压缩式制冷循环的高效大温差换热设备，可在热力站对一次热网供水进行梯级降温至10℃，其一次热网回水温度较低，换热性能较高。压缩式大温差换热机组系统流程示意及样机如图3-36所示。

在热力站，一次热网供水首先作为加热热源进入水-水换热器放热降温后，再作为低温热源进入压缩式热泵的蒸发器继续放热降温，可将一次热网的循环水温度降至10℃，最后作为一次热网回水返回一次热网回水管线。

二次热网回水在压缩式大温差换热机组中分为两路，一路循环水在水-水换热器中被一次热网供水加热，另一路循环水进入压缩式热泵的冷凝器被高压制冷工质加热，从而借助压缩式热泵实现将热量从温度较低的一次热网循环水传递至温度相对较高的二次热网循环水。被加热升温后的两路二次热网循环水汇合，作为二次热网供水进入二次热网供水管线。

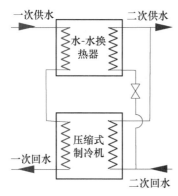

图 3-36 压缩式大温差换热机组系统流程示意及样机外形[32-33]

压缩式热泵工质在蒸发器中吸收来自一次热网循环水中的低温热能而气化为低压气态工质，再进入压缩机被压缩为高压气态工质，然后进入冷凝器被来自二次热网循环水冷却为液态工质，最后经由节流装置降压后进入蒸发器吸热蒸发。

压缩式大温差换热机组可获得较低温度的一次热网回水且对一次热网供水温度无较高的要求，具有传热性能高、负荷调节性好、机组系统较简单、技术较成熟、工程适用性强的优点，但其耗电量较高，对热力站配电容量要求较高，宜用于基于低温废热或可再生能源的低温供热系统的热力站，如中低温水热型地热大温差集中供热工程。

由此可见，三种大温差换热机组均具有自身特色和特定的适用条件，在实际工程应用中应根据实际工程需求和能源配置条件进行分析，以优选合适的大温差换热机组类型及容量。

3.3 供热系统优化集成

集中供热系统主要包括热源站、一次热网、热力站、二次热网和热用户。其中，二次热网热力参数设计主要取决于热用户的采暖温度及负荷。

集中供热规划与设计要符合国家城镇建设目标、能源发展战略和城市总体规划，立足于中国能源禀赋以及能源结构优化，坚持"远近结合、以近期为主、合理布局、统筹安排、分期实施"的规划原则和"因地制宜、广开热源、技术先进、经济合理、安全适用"的优化设计原则，且严格执行国家及地方政府规定的能源、环保政策以及其他法规[34-36]。

3.3.1 热源站子系统集成

集中供热系统的热源类型主要包括热电厂、集中锅炉房、工业余热、中深层地热、太阳能、生物质热电厂及多热源联合供热。

1. 热电厂

热电联产机组具有供热量大、热电联产热效率高、系统初投资大等特点，宜用作城市主热源。鉴于当前电力行业节能减排要求，热电联产机组应结合电力及热力发展规划，选择高参数、大容量、高效率热电机组。

热电机组包括背压式机组和抽凝式机组。背压式机组不带凝汽器，直接用汽轮机低压乏汽来加热一次热网循环水，通常采用以热定电的运行调节方式，主要用于承担城镇供热基础负荷。抽凝式机组是利用低压缸抽汽来加热一次热网循环水，其发电量受外部供热负荷影响较小，其运行调节较背压式机组的灵活，但其极限供热工况的发电煤耗较高。抽凝式机组可用于承担供热基础负荷、调峰负荷或两者兼具。

热电机组选型原则[34-36]如下：

① 供热机组热化系数宜分布在 0.5～0.8，而中间再热式供热机组的热化系数可等于 1；

② 在确保机组安全经济运行的前提下，宜选择高参数、大容量机组以提高能源利用率和经济效益；

③ 对于热负荷全年稳定的供热系统，可选择背压式机组或抽背式机组；热负荷较大但部分负荷不稳定时可选择一台抽凝式机组进行调节；季节性负荷较大的宜选择抽凝式机组；

④ 当一台机组出现故障时，其余机组能够承担供热负荷的 60%～70%；

⑤ 7MW 或 14MW 以上的单台锅炉年利用小时数应大于 4000。

2. 集中锅炉房

锅炉作为供热集中热源具有系统简单、初投资小等特点，但其热效率较低，运行能耗偏高，经济性较差。集中锅炉房可用作主热源，也可作为热电厂供热系统的辅助热源，其中燃气锅炉因具有运行成本高和调节灵活等特点，宜用作调峰热源，也可在环保要求较高的地区承担基础负荷或峰值负荷，如北京市区。

供热系统的集中锅炉房最小规模要求为：对于特大城市，集中锅炉房供热能力高于 14MW；对于大、中城市，集中锅炉房供热能力高于 7MW；对于小城市，集中锅炉房供热能力高于 2.8MW。

锅炉选型原则[34-36]为：

① 应满足集中系统的供热负荷及供热参数需求；

② 应根据当地环保政策和能源供给条件选择合适的燃料（煤或燃气），且其大气污染物排放应满足国家以及当地政府规定的排放标准；

③ 燃煤锅炉宜选用与当地供应煤种相匹配的锅炉；

④ 锅炉宜选用热效率较高的节能型锅炉；

⑤ 同一锅炉房的锅炉类型及容量宜相同。

3. 工业余热

工业余热是指在目前技术条件下有可能回收和重复利用而尚未回收利用的那部分能量，广泛存在于各行业的工艺生产中，尤其是钢铁、石油、化工、建材、食品行业，目前被视为继煤、石油、天然气和水力之后的第五大常规能源。相关数据表明，冶金部门余热资源总量占其燃料输入能总量的50%以上，机械、化工、陶瓷等企业的余热资源总量占其燃料输入能总量的25%以上。中国作为工业品生产大国，工业余热利用潜力巨大，因此，工业余热回收利用是当前工业节能减排工作中的重点内容，也是中国实现"碳达峰、碳中和"的必由之路。

工业余热资源按照来源不同可划分为：高温烟气余热、高温产品和炉渣余热、冷却介质余热、可燃废气废液废料余热、废气废水余热、化学反应余热，其中高温烟气余热和冷却介质余热分别占50%和20%；按照温度又可划分为高温余热（温度高于500℃）、中温余热（温度为200~500℃）、低温余热（温度低于200℃的烟气及低于100℃的液体）。余热品位有高低之分，通常用温度高低来评价热能品位。余热温度越高，品位越高，则利用越方便。能量品位又可分为高品位余热和中低品位余热，其中中低品位余热资源约占工业余热总量的54%。不同工业行业的余热来源各异，其余热性质及数量相差较大。

工业余热资源具有热载体形态多、空间分布不均、行业分布不均、品质差异较大、负荷较稳定、热源有腐蚀性等特点，且受到热能输送距离限制。余热资源回收利用要满足工艺上需要、技术上可行、经济上合理和保护环境的要求。

余热回收利用方法随余热热源的热载体形态、温度的差异而各不相同，但余热回收利用方法大体分为热回收和动力回收两大类。余热回收采用的通用原则如下[10]：

① 对于排出高温烟气的各种热力设备，应优先由本设备系统加以利用；

② 当余热无法回收用于加热工艺设备本身，或用后仍有部分可以回收时，应将其用来生产蒸汽或热水以及生产动力；

③ 根据余热的种类、排放情况、介质温度及数量进行综合热效率及经济可行性分析，以确定余热回收设备的类型及规模；

④ 对必须回收余热的冷却水、中低温液体、固态高温物体，在分析其温度、数量及范围的基础上制定余热回收利用标准。

余热回收利用需要注意的问题如下[10]：

① 工业企业首先要重视其工艺设备能效的提升，尽量减少能量损失。

② 不是所有的余热资源都可以回收利用，余热回收利用既需要增加投资，也存在能量损失问题。在当前技术和经济条件下，一部分余热可以被利用，另一部分难以利用或利用起来不经济。

③ 余热用途从工艺角度可划分为两类：一类是用于工艺设备本身；另一类是用于其他设备。余热用于生产工艺本身便于能流协调与平衡，运行较稳定，且所需投资较少。

对于部分工业的生产工艺，余热种类及品位有多种（如炼焦工艺的高温红焦余热、中温烟气、高温冷却水、低温冷却水），多数情况下的工业余热品位及数量与热网循环水梯级加热的热能品位需求不匹配。此时，可以考虑采用换热器、热泵、热变换器等热力设备建立工业余热资源高效综合利用子系统，最大限度地利用各种品位余热的有用能，以降低能量传递、转换与利用过程的不可逆损失，提高工业余热利用率。

通常，高能耗工业生产企业由于污染物排放量较高而远离城区，其低温废热需要长距离输送至城镇供热负荷区，从而导致小温差长距离输热管网建设投资较大、运行能耗较高。因此，工业余热集中供热系统通常采用基于大温差换热技术的工业余热大温差集中供热模式。

热源站子系统集成需要考虑如下因素：

① 一次热网回水温度及供水温度需求和供热负荷需求；

② 工业余热类型、余热品位、余热空间分布、余热负荷时间分布；

③ 既有供热设施现状及中长期供热发展规划；

④ 工业企业能源配置及建设用地条件；

⑤ 既有热源配置条件及其他约束条件。

对于热源站子系统，换热器类型、热泵类型、储热方式、调峰设备类型、容量选择及参数优化应从供热稳定性、环保效益以及经济效益角度进行优化。

4. 中深层地热

中深层地热资源在中国主要是中低温水热型地热资源，其空间分布极不均匀，地热水温及供热能力差异较大，且其地热富集的地热田与城镇供热负荷区的空间分布也千差万别。对于水热型地热资源丰富的地区，开发水热型地热资源用于城镇集中供热有助于降低化石能源消耗，优化供热系统能源消费结构，促进供热行业的"碳达峰、碳中和"发展。

对于热用户毗邻地热田的供热系统，基于换热器或热泵的常规小规模低温供热系统具有较高的经济效益，但由于供热半径短、供热规模小而导致地热资源开发利用率偏低。因此，水热型地热大温差集中供热新模式可有效解决当前水热型地热供热发展瓶颈问题。

水热型地热大温差集中供热系统热源站根据一次热网回水温度、地热水质、地热水温、地热田与热用户空间分布状况、一次热网供水温度和能源配置条件来优选换热器类型及容量、热泵类型及容量、调峰设备类型及容量、储热方式及容量。

为保证水热型地热资源最大化利用和可持续开发，短期储热系统将被引入水热型地热集中供热系统，其储热方式及容量需要从经济效益角度进行优选。

5. 太阳能

太阳能是取之不尽、用之不竭的清洁能源。中国太阳能资源较丰富，其中从内蒙古西部经宁夏北部、甘肃西北部和新疆南部到青海、西藏形成一条东北至西南宽带，该地带是我国太阳辐射年总量最高的地区，年辐射量约 730kJ/cm²，也是我国供暖负荷区，是实施太阳能供热理想地区。中国每年可获得的太阳能总量约 10^{16} kW·h，约折算为 1.2×10^{12} t 标准煤[37-38]。

太阳能集热器是吸收太阳辐射并将产生的热能传递到传热介质的装置，是太阳能热利用系统的核心部件。太阳能集热器的集热量与集热器类型、工程所属地区的气象条件和热媒运行温度密切相关。

太阳能集热器可分为真空管太阳能集热器和平板型太阳能集热器两大类。

真空管太阳能集热器的特点[38-39]如下：

① 结构简单，易于制作；

② 价格相对低廉；

③ 环境温度低时集热效率仍然比较高；

④ 材质遇撞击易碎，不能承压运行。

平板型太阳能集热器的特点[37-38]如下：

① 水质清洁，能承压运行，安全可靠；

② 吸热体面积大，易于与建筑相结合，耐无水空晒；

③ 环境低温或工质高温时集热器效率低下；

④ 价格相对较高，风阻较大，需做好防风固定。

太阳能供热系统通常采用平板型太阳能集热器，其集热密度相对较低，但由于供热负荷密度需求较高，因此其系统需要较大面积的建设用地以安装太阳能集热器。太阳能的使用与天气状况密切相关，具有能源密度低、不稳定性、不连续性特点。因此，太阳能供热循环与建筑负荷需求不匹配，太阳能采暖保证率低且供热不稳定。

太阳能供热系统规划设计应考虑当地气象条件、纬度、日照条件以及供热水温需求，了解业主经济承担能力，明确规划区域内辅助常规能源利用设施建设现状及能源配置，然后综合确定太阳能供热系统的规模及形式。

太阳能供热系统的热源站子系统集成与配置应考虑配置储热系统、热泵和辅助热源以保证供能系统的可靠性，其辅助热力设备类型及容量、热力参数需要结合当地能源价格体系、经济发展水平、财政补贴政策以及实际工程条件进行优化设计。

6. 生物质热电厂

生物质是除化石外一切来源于动植物及微生物的有机物质，是生物质能的载体，是一种可再生能源。中国生物质能资源非常丰富，农作物播种面积有 18 亿亩，年产生物质约 7 亿吨（相当于 3.5t 标准煤）；农产品加工废弃物是重要的生物质资源，包括稻壳、玉米芯、花生壳、甘蔗渣和棉籽壳等；有森林面积约 1.95 亿公顷，森林覆盖率 20.36%，每年可获得生物质资源量 8 亿～10 亿吨。据初步估算，中国 2020 年的秸秆废弃量将达 2 亿吨以上，可折算为 1 亿吨标准煤，相当于煤炭大省河南年产煤量[39-41]。由此可见，中国生物质能开发利用潜力巨大。

生物质发电是将生物质在锅炉中直接燃烧，生产蒸汽带动蒸汽轮机及发电机发电，包括农林废弃物直接燃烧发电、农林废弃物气化发电、垃圾焚烧发电、垃圾填埋气发电、沼气发电。鉴于20世纪70年代石油危机爆发，欧盟各国相继开始寻找石油替代方案，生物质能源利用技术（生物质发电、生物质能供热）得到欧美等各国政府重视。北欧的挪威、芬兰、丹麦等国相继实现了在供热领域以生物质为主的能源消费结构。在2016年，瑞典的生物质和废燃料能耗约占供热能耗量的2/3，丹麦的生物质能占供热能耗量的35.5%，芬兰的生物质能占供热能耗量的38.3%。丹麦在石油危机爆发后，开始积极开发清洁的可再生能源，大力推行秸秆等生物质发电，建立了世界上第一个生物质发电厂。目前，生物质发电技术在丹麦得到了广泛的认可，目前已经拥有100余家生物质发电厂[39-41]。自1990年以来，生物质发电在欧美许多国家得到广泛发展。2017年，欧盟有14个国家的生物质能供热占社会能源消费量比重大于10%，如拉脱维亚为33.21%，芬兰、瑞典、爱沙尼亚、丹麦和立陶宛为大于20%。

生物质发电和生物质能供热具有诸多优点，已经受到中国政府高度重视。中国《可再生能源中长期发展规划》确定：到2020年生物质发电装机容量达3000万千瓦。《生物质能发展"十三五"规划》中指出，到2020年，中国生物质发电总装机容量将达到1500万千瓦，年发电量可达到900亿千瓦时。由此可见，生物质发电将是中国实现"碳达峰、碳中和"目标的主要技术措施之一[42]。

生物质热电厂的中低品位热能利用与常规热电厂类似，也将成为中国北方城镇集中供热系统的主要集中热源形式之一。

7. 多热源联合供热

多热源联合供热是指两种及以上热源联合作为供热系统热源。各种热源在负荷品位、时间分布、空间分布、价格分布和供应稳定性等方面是不同的。不同热源具有各自的特点，可以相互补充利用。

对于多热源联合集中供热系统，热源可由多种热源构成，便于能量品位以及能源价格高低搭配，挖掘中低温工业废热以及中低温可再生能源的开发利用潜力，提高能源综合利用率，降低化石能源消耗，有助于实现"碳达峰、碳中和"目标。热源类型及容量选择主要取决于源荷时空分布特征、热用户性质、负荷分布特征、供热介质和供热方式。

多热源联合集中供热系统的热源站子系统的设计应遵循如下原则[34-36]：

① 经济性原则：多热源要梯级利用，提高能源利用率，合理配置廉价热源与高成本热源以及高低品位能量互补，换热器、热泵及蓄能的类型及容量应尽量选择大容量、高效率、低成本设备，以满足经济性要求。

② 高效节能原则：当热电机组由两台变为多台时，机组之间应坚持系统集

成设计，按照"品位对口互补、综合梯级利用"的热网水加热原则对机组进行串联设计；对于背压式供热机组和抽凝式供热机组，应考虑背压式供热机组与抽凝式供热机组串联，并考虑回收利用抽凝式供热机组乏汽余热。

③ 环保性原则：提高清洁能源、工业余热和可再生能源利用比率，降低化石能源消耗量及其大气污染物排放量。

④ 可靠性原则：积极引入蓄能系统，与电网以及燃气管网进行耦合，以平衡和调节耦合系统负荷需求，且热源分布要尽量集中、合理，以提高系统运行稳定性。

集中供热系统以常年热负荷为主时，其热化系数宜为 0.7～0.8；以季节性热负荷为主时，其热化系数宜为 0.5～0.6。

目前，热网热媒主要采用热水和水蒸气。对于一次热网，供汽参数为 200～250℃，压力 0.4～0.8MPa，热水供水温度为 110～150℃；对于二次热网，热水温度不高于 95℃[34-35]。

与水蒸气相比，热水作为热媒的优点如下[34-36]：

① 热水供热系统无凝结水、水蒸气及二次蒸发损失，具有较高的热效率；

② 热水供热系统采用质调节运行方式，可节省高品位热能，卫生条件好；

③ 热水供热系统经济供热半径约 20km，约是蒸汽供热系统的 2 倍；

④ 热水供热系统因水容量大、储热能力高，具有较稳定的供热工况；

⑤ 充分利用低品位廉价热源，可获得较好的经济效益。

与热水相比，蒸汽作为热媒的优点如下：

① 蒸汽供热系统以蒸汽作为热媒，可以满足不同性质热用户的多样化要求；

② 汽-水换热器因传热系数较大、换热面积较小而致使金属消耗少；

③ 水蒸气密度低，受地形高差影响较小，特别适合于大高差供热系统；

④ 蒸汽供热系统因凝结水量小而致使凝结水泵电耗量低。

3.3.2 热力站子系统集成

热力站是利用各种换热设备将一次热网热媒中的热量以间接或直接方式传递至二次热网热媒的场所，是集中供热系统优化设计的重要环节之一。其中，换热机组类型及性能对提高集中供热系统综合性能至关重要。

热力站的换热机组一般可分为常规水-水换热器和大温差换热机组。其中，常规水-水换热器又可分为间壁式换热器和混合式换热器；大温差换热机组根据工作原理又可分为吸收式大温差换热机组、压缩式大温差换热机组和喷射式大温差换热机组。

热力站子系统集成及设备选型原则[34-36]如下：

① 换热站子系统集成应遵循国家及工程所属地的能源政策，遵守有关技术规范和安全规程，坚持高效、经济及安全可靠原则，选用技术成熟的高效设备。

② 当二次热网的运行压力与一次热网不一致时，宜采用间接连接方式；当一次热网供水温度与热用户供暖温度差别不大且供热压力匹配时，可直接连接。

③ 间壁式换热器热力过程较简单、设备体积小，适用于一次、二次热网热媒温差较大的热力站；混合式换热器适用于一次、二次热网运行压力及温度差别不大的热力站；大温差换热机组适用于一次热网输热温差大、空间富余的热力站。

④ 板式换热器不宜用于非连续运行采暖系统，单台板式换热器的板片数宜控制在 50～100 片。

⑤ 吸收式大温差换热机组需要一次热网供水温度不低于 110℃，且二次热网供水温度不高于 70℃，宜适用于新建或空间富余的既有热力站大温差换热改造。

⑥ 喷射式大温差换热机组的运行条件需求与吸收式大温差换热机组相似，但其系统结构简单紧凑，成本较低，机组体积较小，适用于新建或空间相对小的热力站，对配电要求相对较高。

⑦ 压缩式大温差换热机组对一次热网供水温度无要求，适用性较强，但其需要消耗一部分电能，对热力站具有较高的配电需求，宜用于大温差低温区域供热系统的热力站。

⑧ 换热机组容量及台数应根据热负荷调节需求选择，当一台换热机组停用时，其余的应满足 60％～75％热负荷需求。

⑨ 热力站供热半径不宜超过 800m，供热面积一般为 8 万～10 万 m^2。

热力站尽量布置在靠近供热小区热负荷中心的区域，方便一次管线的进出，同时要兼顾二次管线的敷设，尽量减少二次管网的投资。规划部门应结合小区规划，在小区留有空地或结合大型建筑的设计，把占地不大、噪声较小的热力站布置在建筑物的地下室或底层。

实际的水热型地热集中供热系统优化集成需要结合实际工程条件、能源配置条件、能源环保政策以及既有供热设施现状，站在系统的高度对集中供热系统的能源效益、环保效益和经济效益进行综合评价，以实现系统优化集成。

参考文献

[1] 楼群华. 原油输油站的能量分析与节能 [J]. 油气储运，2004，23（2）：36-38，61.

[2] 陈春霞. 钢铁生产过程余热资源的回收与利用 [D]. 沈阳：东北大学，2008.

[3] 沈维道，童钧耕. 工程热力学 [M]. 5 版. 北京：高等教育出版社，2016.

[4] BORGNAKKE C，SONNTAG R E. Fundamental of Thermodynamics 8th [M]. Hoboken：John Wiley Sons lnc，2013.

[5] 杨世铭，陶文铨. 传热学 [M]. 4 版. 北京：高等教育出版社，2006.

[6] 吴仲华. 能的梯级利用与燃气轮机总能系统 [M]. 北京：机械工业出版社，1988.

[7] 金红光，林汝谋. 能的综合梯级利用与燃气轮机总能系统 [M]. 北京：科学出版

社，2008.

[8] 虞晓芬，龚建立. 技术经济学概论 [M]. 4 版. 北京：高等教育出版社，2015.

[9] （日本）能量变换恳话会. 能量有效利用技术 [M]. 王维城，马润田，译. 北京：化学工业出版社，1984.

[10] 北京市发展和改革委员会. 节能技术篇 [M]. 北京：中国环境科学出版社，2008.

[11] 赵晓文，苏俊林. 板式换热器的研究现状及进展 [J]. 冶金能源，2011（1）：52-55.

[12] T. Kuppan. 换热器设计手册 [M]. 钱颂文，廖景娱，邓先和，等，译. 北京：中国石化出版社，2003.

[13] 杨昭，马一太. 制冷与热泵技术 [M]. 北京：中国电力出版社，2020.

[14] 吴业正，朱瑞琪，曹小林，等. 制冷原理及设备 [M]. 西安：西安交通大学出版社，2010.

[15] 孙方田，马一太，安青松，等. 水冷式冷水机组能效标准的合理化研究 [J]. 暖通空调，2007，37（4）：132-135.

[16] 水（地）源热泵机组能效限定值及能效等级：GB 30721—2014 [S]. 北京：中国标准出版社，2014.

[17] 吴业正，李红旗，张华. 制冷压缩机 [M]. 北京：机械工业出版社，2010.

[18] 金红光，郑丹星，徐建中. 分布式冷热电联产系统装置及应用 [M]. 北京：中国电力出版社，2010.

[19] Paul Hanlon. Compressor Handbook [M]. New York, USA：McGraw-Hill Professional，2001.

[20] 高田秋一. 吸收式制冷机 [M]. 耿惠彬，戴永庆，郑玉清，译. 北京：机械工业出版社，1985.

[21] 汪翔，陈海生，徐玉杰，等. 储热技术研究进展与趋势 [J]. 2017，62（15）：1602-1610.

[22] IEA-ETSAP and IRENA. Thermal Energy Storage [M]. Technology Brief E17，Bonn，2013.

[23] 中国化工学会储能工程专业委员会. 储能技术及应用 [M]. 北京：化学工业出版社，2018.

[24] GUELPA E，VERDA V. Thermal energy storage in district heating and cooling systems：A review [J]. Applied Energy，2019，15：113474.

[25] 凌浩恕，何京东，徐玉杰，等. 清洁供暖储热技术现状与趋势 [J]. 储能科学与技术，2020，9（3）：861-868.

[26] Team of Annex 30. Public Report：Applications of thermal energy storage in the energy transition benchmarks and developments [R]. IEA ECES，2018.

[27] 孙方田，程丽娇，付林，等. 基于吸收式换热的深层地热集中供热系统能效分析 [J]. 太阳能学报，2018，39（5）：1173-1178.

[28] SUN F T，FU L，SUN J，et al. A new ejector heat exchanger based on an ejector heat pump and a water-to-water heat exchanger [J]. Applied Energy，2014，121：245-251.

[29] SUN F T，FU L，ZHANG S G，et al. New waste heat district heating system with combined heat and power based on absorption heat exchange cycle in China [J]. Applied Thermal Engineering，2012，37：136-144.

[30] SUN F T，CHEN X，FU L，et al. Configuration optimization of an enhanced ejector heat exchanger based on an ejector refrigerator and a plate heat exchanger [J]. Energy，2018，164：408-417.

[31] 孙方田.喷射-压缩复合式大温差换热机组:201410225084.9〔P〕.2016-04-06.

[32] 孙方田,王娜,李德英,等.一种引射式热泵型换热机组:201110149213.7〔P〕.2014-04-23.

[33] 孙方田,杨昊原,付林,等.基于压缩式换热的低温工业余热供热系统运行特性及应用〔J〕.太阳能学报,2018,39(6):1495-1501.

[34] 孙方田,李德英,史永征,等.一种压缩式热泵型换热装置:201020551496.9〔P〕.2011-06-29.

[35] 李善化,康慧,等.集中供热设计手册〔M〕.北京:中国电力出版社,1996.

[36] 贺平,孙刚,王飞,等.供热工程〔M〕.5版.北京:中国建筑工业出版社,2009.

[37] 郑瑞澄.民用建筑太阳能热水系统工程技术手册〔M〕.2版.北京:化学工业出版社,2011.

[38] DAHASH A,OCHS F,JANETTI M B,et al. Advances in seasonal thermal energy storage for solar district heating applications:A critical review on large-scale hot-water tank and pit thermal energy storage systems〔J〕.Applied Energy,2019,239:296-315.

[39] 田宜水,单明,孔庚,等.我国生物质经济发展战略研究〔J〕.中国工程科学,2021,23(1):133-140.

[40] 王萌,翁智雄,张梅,等.清洁供暖背景下推进我国生物质发展的政策研究〔J〕.环境保护,2020,48(20):60-63.

[41] SCHNEIDER T,MÜLLER D,KARL J. A review of thermochemical biomass conversion combined with Stirling engines for the small-scale cogeneration of heat and power〔J〕.2020,134:110288.

[42] 习近平在第七十五届联合国大会一般性辩论上发表重要讲话〔EB/OL〕.http://www.xinhuanet.com/politics/leaders/2020-09-22/c_1126527647.htm,2020-09-22.

4 水热型地热供热系统优化理论

部分大型水热型地热田与北方城镇供热负荷的空间分布不匹配,地热田与供热负荷区距离分布在 500~20000m。实际的水热型地热供热工程对中低温地热的长距离经济输送提出多样化需求。制定水热型地热供热技术路线,建立完善的水热型地热集中供热技术体系,有助于满足不同工程条件的建设需求,提高水热型地热资源丰富地区的集中供热系统能源效益、环保效益以及经济效益,为北方城镇清洁供暖以及供热行业"碳达峰、碳中和"发展提供理论指导和技术支持。

水热型地热供热系统根据大温差换热技术类型可划分为三种:①基于压缩式换热的水热型地热大温差集中供热系统。②基于吸收式换热的水热型地热大温差集中供热系统。③基于喷射式换热的水热型地热大温差集中供热系统。

4.1 水热型地热大温差集中供热系统工艺

4.1.1 基于压缩式换热的水热型地热大温差集中供热模式

基于压缩式换热的水热型地热大温差集中供热系统(medium-high temperature geothermal energy district heating system based on compression heat exchangers,DH-CHE)根据热源站系统流程特点又进一步细化为四种:DH-CHE-1、DH-CHE-2、DH-CHE-3 和 DH-CHE-4[1-2]。

1.DH-CHE-1 运行原理及特点

基于压缩式换热的水热型地热大温差集中供热系统(DH-CHE-1)利用水-水换热器对水热型地热能进行深度开发利用。其系统流程示意如图 4-1 所示。

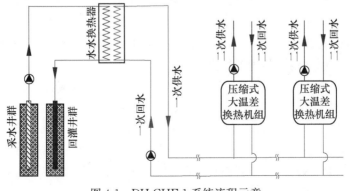

图 4-1 DH-CHE-1 系统流程示意

该供热系统包括热源站、一次热网、热力站和二次热网。其中,热力站主要由压缩式大温差换热机组构成;一次热网主要由一次热网管线和一次热网循环水泵构成;热源站主要由水-水换热器、采水井群、回灌井群和地热水泵构成。

地热水流程为:首先,来自采水井群的水热型地热水经潜水泵进入水-水换热器,以加热一次热网循环水而放热降温;其次,降温后的地热水返回至回灌井群;最后,降温后的地热水在中深层岩层的孔隙或裂隙或溶洞中与高温岩石进行换热升温后,汇聚至采水井群。

一次热网循环水流程为:一次热网回水首先经由循环水泵,进入水-水换热器被加热升温;其次,经由一次热网管线被输配至各个热力站;再次,一次热网供水进入压缩式大温差换热机组的水-水换热器和蒸发器中逐步放热降温;最后,作为一次热网回水并经由一次热网管线返回至热源站,如此完成一个循环。

二次热网循环水流程为:二次热网回水经由循环水泵进入热力站的压缩式大温差换热机组,然后分两路:一路进入水-水换热器被加热升温,另一路进入冷凝器,被高温高压制冷工质加热升温,被加热升温后的两路二次热网循环水汇合后,作为二次热网供水经由二次热网管线被输配至各个末端热用户。

对于压缩式大温差换热机组,制冷工质首先在蒸发器吸热而蒸发为低压过热制冷工质蒸汽;其次,进入压缩机被压缩而变成高压过热制冷工质蒸汽;再次,进入冷凝器被二次热网循环水冷却而凝结为液态制冷工质;最后,液态制冷工质经节流阀降压后,形成气-液混合工质,进入蒸发器吸热,变成低压过热制冷工质蒸汽,如此完成一个吸热、压缩、放热、节流降温循环过程。

该供热系统在运行调节时以满足供热负荷需求为宗旨,以降低电耗量为目标。该供热系统的一次热网供水温度主要取决于地热水温,其一次热网回水温度主要取决于地热输热距离。对于长距离输热的需求,较大的供回水温差将使得一次热网循环水流量降低、一次热网建设初投资减少,但这将导致压缩式大温差换热机组的初投资增高,电耗量增高。因此,一次热网回水温度需要从经济效益角度进行优化。

通常,较低的一次热网回水温度将导致压缩式大温差换热机组耗电量升高,但有利于降低长距输热管网的运行电耗及运行成本,故该大温差供热系统存在最长一次热网经济输热距离。因此,水热型地热大温差集中供热工程应根据具体工程条件和能源配置条件、源荷分布状况来进行系统流程及参数优化设计。

2.DH-CHE-2 运行原理及特点

第二种基于压缩式换热的水热型地热大温差集中供热流程(DH-CHE-2)是利用水-水换热器和升温型溴化锂吸收式热泵对水热型地热能进行升级利用,并可大幅度提升一次热网供水温度。其系统流程示意如图 4-2 所示。

DH-CHE-2 与 DH-CHE-1 的主要区别在于热源站和一次热网供水温度。对于 DH-CHE-2,其热源站主要由水-水换热器、升温型溴化锂吸收式热泵、采水

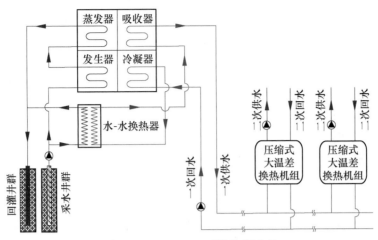

图 4-2 DH-CHE-2 系统流程示意

井群、回灌井群和地热水循环泵构成。

地热水循环流程为：地热水分两路，一路地热水作为加热热源进入水-水换热器加热一次热网循环水，另一路地热水首先作为驱动热源进入升温型溴化锂吸收式热泵，放热降温后再与来自水-水换热器的地热水进行汇合，然后返回至回灌井群；地热回水从回灌井群再进入中深岩层的裂隙或孔隙或溶洞，被高温岩石加热升温后汇聚至采水井群。

一次热网循环水流程为：一次热网回水首先作为低温热源进入冷凝器，被冷剂蒸汽加热升温；其次，进入水-水换热器，被地热水加热升温；再次，作为冷媒进入吸收器被高温溴化锂溶液进一步加热升温；最后，作为一次热网供水，返回至一次热网。

其中需要说明的是一次热网供水温度比地热供水温度高 10～20℃。升温型溴化锂吸收式热泵充分利用地热水中的有用能和低温一次热网回水中的有用能，从而实现地热能从地热水传递至较高温度的一次热网循环水。该供热流程中的地热水回灌温度高于 DH-CHE-1 系统中的地热水回灌温度。

在相同的供热能力下，相对于 DH-CHE-1，DH-CHE-2 具有较高的一次热网供水温度、较大的一次热网供回水温差、较低的一次热网循环水流量和较低的一次热网建设初投资，且其热力站的压缩式大温差换热机组电耗量相对较低。

3. DH-CHE-3 运行原理及特点

第三种基于压缩式换热的水热型地热大温差集中供热系统（DH-CHE-3）是利用水-水换热器对水热型地热能进行深度利用，并利用直燃型溴化锂吸收式热泵降低一次热网回水温度和提高一次热网供水温度。其系统流程示意如图 4-3 所示。

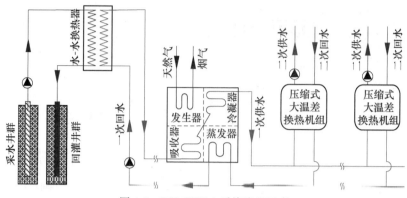

图 4-3 DH-CHE-3 系统流程示意

　　与 DH-CHE-1 系统流程相比，DH-CHE-3 系统流程增加了中继能源站及其内的直燃型中高温溴化锂吸收式热泵，可进一步降低热源站的一次热网回水温度，并提高一次热网供水温度。需要说明的是，该供热流程适用于地热田远离城镇供热负荷区，且其地热田毗邻地区缺乏天然气管网配套设施。鉴于此，在城区天然气配套较好的一次热网主管线途经地设置中继能源站，用于供热调峰，可提高地热井利用时间及其经济效益。

　　一次热网循环水流程为：一次热网回水首先作为低温热源进入直燃型中高温溴化锂吸收式热泵的蒸发器以进一步降低一次热网回水温度；其次，进入水-水换热器被地热水加热升温；再次，进入直燃型中高温溴化锂吸收式热泵的吸收器和冷凝器，被工质进一步加热升温；然后，作为一次热网供水经由一次热网管线被输配至各个热力站；最后，来自各个热力站的低温一次热网回水汇合，再返回至中继能源站的直燃型中高温溴化锂吸收式热泵的蒸发器，如此完成一个循环。

　　在相同的供热能力下，相对于 DH-CHE-1，DH-CHE-3 降低了热力站压缩式大温差换热机组的电耗量，增加了天然气消耗量。直燃型中高温溴化锂吸收式热泵可实现调峰功能，因此有助于提高地热井利用时间及效益。

　　4. DH-CHE-4 运行原理及特点

　　第四种基于压缩式换热的水热型地热大温差集中供热系统（DH-CHE-4）是利用水-水换热器对水热型地热能进行深度利用，并利用燃气锅炉以提高一次热网供水温度。其系统流程示意如图 4-4 所示。

　　与 DH-CHE-3 相比，DH-CHE-4 在中继能源站中采用燃气锅炉替代了直燃型中高温溴化锂吸收式热泵，因此，其一次热网回水温度相对较高，天然气消耗量稍高，但其初投资较低。DH-CHE-4 的中继能源站设置条件与 DH-CHE-3 相似，可充分利用城区既有的燃气锅炉房，并利用其作为供热调峰设备。

　　一次热网循环水流程为：一次热网回水不经过中继能源站而直接返回至热源站，进入水-水换热器以深度利用水热型地热；其次，进入中继能源站的燃气锅

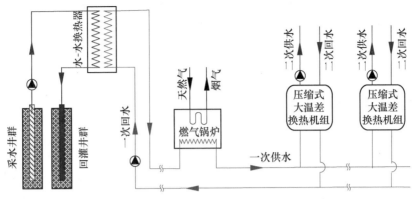

图 4-4 DH-CHE-4 系统流程示意

炉被进一步加热升温；再次，作为一次热网供水经由一次热网管线被输配至各个热力站，进行放热降温；最后，来自各个热力站的一次热网循环水汇合，作为一次热网回水返回至热源站，如此完成一个循环。

基于压缩式换热的水热型地热大温差集中供热新流程均具有各自的优势及特点，可在特定的工程条件下呈现出较好的应用效果。此外，基于压缩式换热的水热型大温差地热集中供热技术有助于提升城市的热电比，并可联合电网进行热网、电网、气网高效协同调节，以充分高效利用中低温水热型地热能，提高中国北方城镇能源系统综合利用能效。

对于工业低压蒸汽或电厂汽轮机抽汽资源较丰富的集中供热工程，基于压缩式换热的水热型地热大温差集中供热系统也可采用汽-水换热器替代燃气锅炉，或采用蒸汽型中高温溴化锂吸收式热泵替代直燃型中高温溴化锂吸收式热泵。

4.1.2 基于吸收式换热的水热型地热大温差集中供热模式

基于吸收式换热的水热型地热大温差集中供热技术与基于压缩式换热的水热型地热大温差集中供热技术的根本性区别在于热力站的换热机组工作原理和运行效果。吸收式大温差换热机组由于需要较高的一次热网供水温度，因此中继能源必须设置燃气锅炉或直燃型溴化锂吸收式热泵和燃气锅炉联合进行升温。基于吸收式换热的水热型地热大温差集中供热系统因采用吸收式大温差换热机组而使其电能消耗量较低，但其中低压蒸汽或天然气消耗量较高，且与电网互联互调性较弱。

基于吸收式换热的水热型地热大温差集中供热系统包括热源站、中继能源站、一次热网、热力站和二次热网。其中，热力站主要由吸收式大温差换热机组构成；热源站主要由采水井群、回灌井群、水-水换热器、地热水泵及地热水管网构成。基于吸收式换热的水热型地热大温差集中供热系统流程（medium-deep geothermal energy district heating system based on absorption heat exchangers,

DH-AHE）根据中继能源站的一次热网循环水加热原理又可分为两种：DH-AHE-1 和 DH-AHE-2[3-6]。

1. DH-AHE-1 运行原理及特点

对于 DH-AHE-1，中继能源站由燃气锅炉和烟气余热回收器构成，可利用较低温一次回水对燃气锅炉烟气余热进行回收与利用（图4-5）。其中，燃气锅炉又可分为基础负荷锅炉和尖峰负荷锅炉。

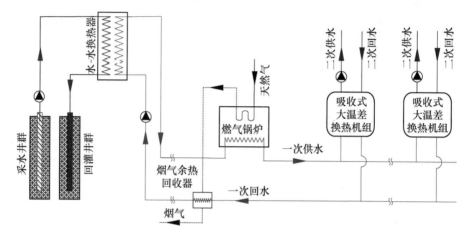

图 4-5　DH-AHE-1 系统流程示意

地热水流程为：来自采水井群的地热水首先作为加热热源进入水-水换热器，被冷却降温；其次，返回至回灌井群，并在岩层的裂隙或孔隙或溶洞中被高温岩石加热升温；再次，被加热升温后的地热水在压差的作用下返回至采水井群；最后，进入水-水换热器，地热水如此完成一个放热、吸热循环。

一次热网循环水流程为：各个热力站的一次热网循环水首先汇合，并作为一次热网回水经由一次热网主干线进入中继能源站的烟气余热回收器，冷却烟气以回收烟气余热；其次，进入热源站的水-水换热器，被地热水加热升温；再次，进入中继能源站的燃气锅炉被进一步加热升温；最后，作为一次热网供水经由一次热网管线被输配至各个热力站的吸收式大温差换热机组，并在其中放热降温、汇合后，作为一次热网回水进入一次热网回水主干线。

天然气化学能利用流程为：天然气首先在燃气锅炉中燃烧，加热一次热网循环水；其次，其低温排烟进入烟气余热回收器被低温一次热网回水冷却降温，以深度回收烟气余热，提高燃气锅炉热效率。

对于吸收式大温差换热机组，一次热网循环水首先作为驱动热源进入溴化锂吸收式制冷机的发生器，放热降温；其次，作为加热热源进入水-水换热器，继续放热降温；最后，作为低温热源进入溴化锂吸收式制冷机的蒸发器以进一步放热降温。二次热网回水在机组入口处分成两路，一路进入水-水换热器被一次热网循环水加热升温，另一路进入溴化锂吸收式制冷机的吸收器和冷凝器被加热升温，然后两路升温加热后的二次热网循环水汇合，作为二次热网供水经由二次热网管线被输配至各个末端热用户。

对于吸收式大温差换热机组，来自吸收器的溴化锂稀溶液首先进入溶液换热器，被溴化锂浓溶液加热升温；其次，作为驱动热源进入发生器被一次热网循环水加热变成冷剂蒸汽和高浓度溴化锂溶液，其中冷剂蒸汽进入冷凝器被冷却而凝结；再次，来自发生器的溴化锂浓溶液进入溶液换热器被冷却降温；最后，溴化锂浓溶液进入吸收器以吸收来自蒸发器的冷剂蒸汽，变成低温溴化锂稀溶液，与此同时被二次热网循环水冷却以强化溴化锂溶液吸收过程，如此完成一个溴化锂溶液循环过程，同时也完成了制冷工质的压缩过程。来自发生器的冷剂蒸汽进入冷凝器后，被二次热网循环水冷却而凝结为冷剂水，再经由节流装置降压后，进入蒸发器以吸收一次热网循环水热量后而蒸发为冷剂蒸汽，然后进入吸收器，并被溴化锂浓溶液吸收，如此完成冷剂水的吸热、压缩、放热、节流循环过程。

对于末端热用户的常规散热器，一次热网供水设计温度需要加热升温至 120～150℃；对于热用户的高效末端散热器（二次热网供回水设计温度：45℃/35℃），一次热网供水温度需要加热至 90～100℃。该供热流程可充分利用城区既有的一次热网管线、二次热网管线以及现有的燃气锅炉房设施。

2.DH-AHE-2 运行原理及特点

DH-AHE-2 与 DH-AHE-1 的显著区别在于中继能源站。DH-AHE-2 系统的中继能源站主要由燃气锅炉、直燃型中高温吸收式热泵和烟气余热回收器构成。其系统流程示意如图 4-6 所示。

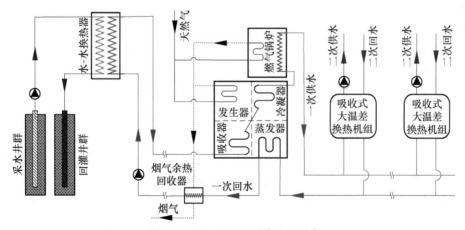

图 4-6　DH-AHE-2 系统流程示意

DH-AHE-1 和 DH-AHE-2 的热力站及热源站系统构成及运行原理相同，其区别在于中继能源站，进而导致一次热网循环水流程存在较大的差异。

　　一次热网循环水流程为：首先，来自各个热力站的一次热网循环水汇合，并作为一次热网回水进入一次热网回水主干线；其次，一次热网回水经由一次热网回水主干线进入中继能源站的直燃型中高温溴化锂吸收式热泵的蒸发器，进一步冷却降温；再次，较低温一次热网回水进入烟气余热回收器以回收来自直燃型中高温溴化锂吸收式热泵和燃气锅炉的烟气余热，进而被加热升温；然后，进入热源站的水-水换热器中被地热水继续加热升温，再依次进入中继能源站的直燃型中高温溴化锂吸收式热泵和燃气锅炉被进一步加热升温，作为一次热网供水进入一次热网供水主干线；最后，一次热网供水经由一次热网管线被输配至各个热力站中的吸收式换热机组，以加热二次热网循环水，放热降温后再返回至一次热网回水管线，如此完成一个循环。

　　对于升温型溴化锂吸收式热泵，低温一次热网回水首先进入冷凝器以获得较低的发生压力，为充分利用中低温地热能提供条件；来自水-水换热器的较高温一次热网循环水进入吸收器，被较高温溴化锂稀溶液加热升温，其出口处温度远高于中低温地热水入口温度。来自发生器的低温溴化锂浓溶液经由工质泵的增压驱动首先进入溶液换热器被加热升温，然后进入较高压吸收器，吸收较高压的冷剂蒸汽而获得较多的潜热，并因此而获得较高的出口处温度，以用于加热一次热网循环水，获得较高的一次热网供水温度；吸收器的溴化锂稀溶液首先进入溶液换热器被溴化锂浓溶液冷却降温，然后返回至低压发生器，被加热为低压溴化锂稀溶液。来自低压发生器的低压冷剂蒸汽首先进入冷凝器，被低温一次热网回水冷却而凝结为冷剂水；其次，低压冷剂水在冷剂泵的增压驱动下进入较高压的蒸发器，被中低温地热水加热为较高压冷剂蒸汽；最后，冷剂蒸汽再进入吸收器，被溴化锂浓溶液吸收，从而完成冷剂水的蒸发吸热、溶液压缩、冷凝放热、降压节流循环过程。溴化锂溶液由于比热较小，因此，其在吸收器中吸收大量潜热后而导致其溴化锂溶液温度大幅升高。这也是升温型溴化锂吸收式热泵能够大幅提升一次热网供水温度的原因。

　　相对于增热型溴化锂吸收式热泵，升温型溴化锂吸收式热泵在中温热源驱动下，充分利用两者之间的做功能力，并结合溴化锂溶液比热小的特点而能够获得少量的较高温热媒，但其制热性能系数相对较低，通常分布在 0.3～0.5。增热型溴化锂吸收式热泵是利用较高温驱动热源，回收低温热源的热量而得以获得更多的中温热能。这是一个降级利用过程，其制热性能系数通常分布在 1.6～2.5。

　　相对于 DH-AHE-1，DH-AHE-2 利用直燃型中高温溴化锂吸收式热泵替代了基础负荷燃气锅炉，以获得更低温度的一次热网回水，进而实现中低温水热型地热能深度高效利用，但其中继能源站的系统初投资相对较高，其天然气消耗量较低。

　　基于吸收式换热的水热型地热大温差集中供热技术因吸收式大温差换热机组体积较大，宜用于新建集中供热系统或既有热力站有足够改造空间的既有供热系统大温差供热技术改造，且具有足够的天然气气源以及天然气管网配套设施。

对于工业低压蒸汽或电厂汽轮机低压缸抽汽资源丰富的集中供热工程，基于吸收式换热的水热型地热大温差集中供热系统也可采用汽-水换热器替代燃气锅炉，或采用蒸汽型溴化锂吸收式热泵替代直燃型溴化锂吸收式热泵。

4.1.3　基于喷射式换热的水热型地热大温差集中供热模式

基于喷射式换热的水热型地热大温差集中供热系统与基于压缩式或吸收式换热的水热型地热大温差集中供热系统的主要区别在于热力站中的增效型喷射式大温差换热机组。对于相同的换热容量，增效型喷射式大温差换热机组的耗电量低于压缩式大温差换热机组，但高于吸收式大温差换热机组，且其机组体积大小介于吸收式大温差换热机组和压缩式大温差换热机组之间。喷射式大温差换热机组由于需要较高的驱动热源，因此，燃气锅炉或汽-水换热器是中继能源站的必需装置。因此，基于喷射式换热的水热型地热大温差集中供热系统也能实现热网、电网、气网互联互调。基于喷射式换热的水热型地热大温差集中供热系统（medium-deep geothermal energy district heating system based on ejector heat exchangers，DH-EHE）根据热源站和中继能源站的区别又可分为三种流程：DH-EHE-1、DH-EHE-2 和 DH-EHE-3[7]。

1. DH-EHE-1 运行原理及特点

基于喷射式换热的水热型地热大温差集中供热系统由热源站、中继能源站、一次热网、热力站和二次热网构成。其系统流程示意如图 4-7 所示。其中，热源站主要由开采井群、回灌井群、水-水换热器、地热水管网或升温型溴化锂吸收式热泵构成；中继能源站主要由燃气锅炉或燃气锅炉与直燃型中高温溴化锂吸收式热泵构成；热力站主要由增效型喷射式大温差换热机组构成。

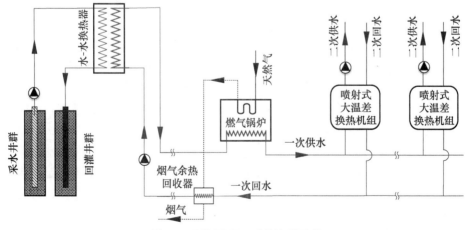

图 4-7　DH-EHE-1 系统流程示意

地热水流程为：来自采水井群的地热水首先作为加热热源进入水-水换热器，放热降温后，返回至回灌井群；其次，进入水热型岩层中的裂隙或孔隙或溶洞，被高温岩石加热升温；最后，被加热升温后的地热水在采水井群中汇聚，如此完成一个放热、吸热循环过程。

一次热网循环水流程为：来自各个热力站的一次热网循环水首先汇合，作为一次热网回水进入一次热网回水主干线；其次，一次热网回水进入中继能源站的烟气余热回收器以回收燃气锅炉低温排烟余热；再次，进入热源站的水-水换热器，被地热水加热升温；又次，进入中继能源站的燃气锅炉被进一步加热升温，作为一次热网供水经由一次热网管线被输配至各个热力站；最后，一次热网供水进入热力站的增效型喷射式大温差换热机组，放热降温后，再返回至一次热网回水主干线，如此完成一个吸热、放热循环过程。

天然气化学能利用工艺为：天然气在燃气锅炉中燃烧，加热一次热网循环水，其低温排烟余热再经由烟气余热回收器被深度回收利用。

在热力站，一次热网供水首先作为驱动热源进入增效型喷射式大温差换热机组的发生器，放热降温；其次，作为加热热源进入水-水换热器继续放热降温；最后，作为低温热源进入增效型喷射式大温差换热机组的蒸发器进一步放热降温。二次热网回水首先在机组入口处分为两路，一路进入水-水换热器被加热升温，另一路进入增效型喷射式大温差换热机组的冷凝器被加热升温；其次，两路被加热后的二次热网循环水汇合，作为二次热网供水进入二次热网供水管线，如此实现一次、二次热网循环水之间的热量传递与转换。

增效型喷射式大温差换热机组的制冷工质流程为：来自冷凝器的液态制冷工质首先分为两路，一路液态制冷工质经节流阀进入蒸发器，吸收一次热网低温段的循环水热能而变成低压制冷工质蒸汽，另一路液态制冷工质经由工质泵，进入发生器被一次热网高温段循环水加热而变成高压制冷工质蒸汽；其次，来自发生器的高压制冷工质蒸汽作为工作流体进入喷射器，以引射来自蒸发器的低压制冷工质蒸汽，二者进行质量、动量与能量交换，变成中压制冷工质蒸汽；最后，来自喷射器的中压制冷工质蒸汽经由增压机增压后进入冷凝器，并被二次热网循环水冷却而变成液态制冷工质，如此完成一个制冷工质循环。

该供热系统的中继能源站系统结构简单，但需要消耗一部分天然气，可实现一次热网大温差、小流量输热。

2. DH-EHE-2 运行原理及特点

与 DH-EHE-1 相比，DH-EHE-2 在中继能源站中利用直燃型中高温溴化锂吸收式热泵替代基础负荷燃气锅炉，并可进一步降低一次热网回水温度，有利于中低温水热型地热能高效利用。其系统流程示意如图 4-8 所示。

一次热网循环水流程为：来自各个热力站的一次热网循环水汇合后，首先作为一次热网回水进入一次热网回水主干线，并经由一次热网管线进入中继能源站

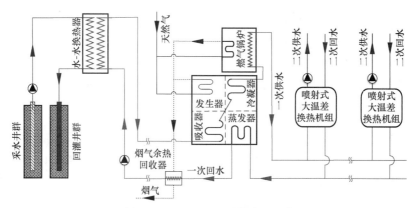

图 4-8　DH-EHE-2 系统流程示意

的直燃型中高温溴化锂吸收式热泵的蒸发器进一步放热降温；其次，一次热网循环水进入热源站中的水-水换热器，被地热水加热升温，实现地热能的高效利用；再次，一次热网循环水再进入中继能源站的直燃型中高温溴化锂吸收式热泵的吸收器、冷凝器以及燃气锅炉，被逐步加热升温，并作为一次热网供水；又次，一次热网供水经由一次热网管线被输配至各个热力站的增效型喷射式大温差换热机组，以加热二次热网循环水，实现能量传递与转换；最后，来自各个热力站中的一次热网循环水汇合后，作为一次热网回水返回至中继能源站和热源站，如此完成一次热网循环水的加热、放热循环。

DH-EHE-2 系统具有天然气消耗量较低、初投资较高的特点，且其一次热网供回水温差大、流量小、初投资低。

3. DH-EHE-3 运行原理及特点

与 DH-EHE-1 相比，DH-EHE-3 系统的热源站增加了一个升温型溴化锂吸收式热泵机组，利用中低温地热水和低温一次热网回水来制取中温一次热网循环水，从而降低中继能源站的基础负荷即燃气锅炉负荷，减小天然气的消耗量。DH-EHE-3 系统流程示意如图 4-9 所示。

地热水流程为：来自采水井群的地热水分为两路，一路地热水作为加热热源进入水-水换热器，以加热来自冷凝器的一次热网循环水；另一路地热水先作为中温驱动热源进入发生器，以加热溴化锂稀溶液，再作为低温热源进入蒸发器以加热冷剂水，放热降温；两路降温后的地热水汇合后，返回回灌井群，然后流经岩层的裂隙、孔隙或溶洞，被高温岩石加热升温；最后，被加热升温后的地热水汇聚至采水井群，如此完成一个放热、吸热循环。

一次热网循环水流程为：来自各个热力站的一次热网循环水汇合后，首先作为一次热网回水进入一次热网回水主干管线；其次，进入中继能源站冷却燃气锅炉低温排烟，回收利用低温烟气余热；再次，依次进入热源站中的升温型溴化锂

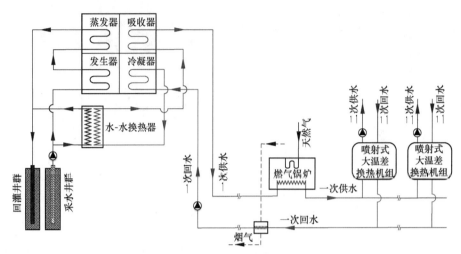

图 4-9 DH-EHE-3 系统流程示意

吸收式热泵的冷凝器、水-水换热器和升温型溴化锂吸收式热泵的吸收器，被依次加热升温；又次，进入中继能源站的燃气锅炉被进一步加热升温后，作为一次热网供水；最后，经由一次热网管线被输配至各个热力站中的增效型喷射式大温差换热机组，放热降温后，再返回至一次热网回水主干管线，如此完成一个加热、放热循环。

基于喷射式换热的水热型地热大温差集中供热新模式可实现热网、气网和电网互联互调，且增效型喷射式大温差换热机组成本低、体积小，可用于空间不富余的既有老旧热力站的大温差供热改造工程。

三种水热型地热大温差集中供热模式均有各自的技术特点，对工程条件要求不同，且不同的供热模式又细分为不同工艺流程，从而初步构建一个水热型地热大温差集中供热技术体系，以满足不同的工程条件建设需求。因此，水热型地热资源富集地区需要结合各自的负荷特点、地质条件、地热资源禀赋、采暖温度需求、能源配置条件、地热田与供热负荷区空间分布特点、中央及当地政府的能源政策和环保政策，从能源效益、环保效益和经济效益三个角度进行综合评价，优选出适合自身特点的水热型地热大温差集中供热新模式以及新流程。

4.2 大温差集中供热系统热力模型

水热型地热大温差集中供热系统主要由热源站、中继能源站、一次热网、热力站、二次热网以及末端热用户构成。对于不同的供热模式及具体技术方案，其末端热用户和二次热网相同，在此不再给出相应的数学模型。

4.2.1 主要设备及系统热力模型

1. 热源站

（1）地热井。平均地温梯度 Γ 是地球不受大气温度影响的地温温度随深度增加的增长率。其计算公式如下：

$$\Gamma = \frac{t_x + t_1 - t_c}{x - x_c} \tag{4-1}$$

式中：Γ——平均地温梯度，℃/100m；

$\quad t_1$——损耗温度，℃；

$\quad t_x$——某深度地温，℃；

$\quad t_c$——常温带地温，℃；

$\quad x_c$——常温带深度，m。

地热模型在半无限大物体条件下，初始条件 $t\big|_{\tau=0} = t_0$，且半无限大边界条件 $q\big|_{x=0} = q_0$ 的所获得地温温度场为：

$$t(x, \tau) - t_0 = \frac{2 q_0 \sqrt{\dfrac{a\tau}{\pi}}}{\lambda} \cdot e^{-\frac{x^2}{4a\tau}} - \frac{q_0 x}{\lambda} \cdot erfc\left(\frac{x}{2\sqrt{a\tau}}\right) \tag{4-2}$$

式中：τ——时间，s；

$\quad a$——导温系数；

$erfc$——高斯误差函数。

对于特定的水热型采水井群，可持续取热能力 Q_{gw} 计算公式为：

$$Q_{gw} = \iint U(x, y) \cdot L(x, y) \cdot [t_x - t(x, y)] \mathrm{d}x\mathrm{d}y = m \cdot c_p (t_{out} - t_{in}) \tag{4-3}$$

式中：$U(x, y)$——某位置岩层裂隙或孔隙或溶洞与地热水传热系数，W/（m²·℃）；

$\quad L(x, y)$——某位置岩层裂隙或孔隙或溶洞与地热水湿周，m；

$\quad m$——某地热水循环流量，kg/s；

$\quad c_p$——地热水定压比热，J/（kg·℃）；

$\quad t_{out}$——采水井群地热水出口温度，℃；

$\quad t_{in}$——回灌井群地热水回灌温度，℃。

地热水在深部岩层中的流动及传热能力取决于地质构造活动以及钻井强化过程所采取的技术措施。

（2）水-水换热器[8-11]。

① 管壳式换热器。

能量平衡方程为：

$$q = m_h \cdot c_{p,h} \cdot (t_{h,in} - t_{h,out}) = m_c \cdot c_{p,c} \cdot (t_{c,out} - t_{c,in}) = U \cdot A \cdot \Delta t_m \tag{4-4}$$

$$\Delta t_m = \frac{(t_{h,in} - t_{c,out}) - (t_{h,out} - t_{c,in})}{ln[(t_{h,in} - t_{c,out})/(t_{h,out} - t_{c,in})]} \qquad (4-5)$$

$$U = \left[\frac{1}{k_s} + R_{out} + \frac{\delta_w}{\lambda_w} \cdot \frac{A_{out}}{A_{med}} + \left(R_{in} + \frac{1}{k_t} \right) \frac{A_{out}}{A_{in}} \right]^{-1} \qquad (4-6)$$

式中：A_{med}——有效平均传热面积，m^2，$A_{med} = \pi \cdot L(r_{out} + r_{in})$；

R_{out}，R_{in}——换热管外壁、内壁热阻，$m^2 \cdot ℃/W$；

δ_w——换热管壁厚，m；

λ_w——换热管管壁导热系数，W/（m·℃）；

A_{out}，A_{in}——换热管外壁面、内壁面传热面积，m^2；

k_s，k_t——壳侧、管侧传热系数，W/（$m^2 \cdot ℃$）。

雷诺数准则数表达式为：

$$Re = \frac{d \cdot m}{\mu} \qquad (4-7)$$

普朗特准则的数学表达式为：

$$Pr = \frac{\mu \cdot c_p}{\lambda} \qquad (4-8)$$

壳侧传热系数经验计算公式为：

$$k_s = 1.73\varepsilon \cdot c_{ps} \cdot m_s \cdot Re_s^{-0.694}/Pr_s^{2/3} \quad (1 \leqslant Re_s < 100) \qquad (4-9)$$

$$k_s = 0.717\varepsilon \cdot c_{ps} \cdot m_s \cdot Re_s^{-0.574}/Pr_s^{2/3} \quad (100 \leqslant Re_s < 1000) \qquad (4-10)$$

$$k_s = 0.236\varepsilon \cdot c_{ps} \cdot m_s \cdot Re_s^{-0.346}/Pr_s^{2/3} \quad (1000 \leqslant Re_s) \qquad (4-11)$$

式中：ε——修正系数。

壳程横流压降和进出口压降计算公式为：

$$\Delta p_b = 2 f_s \cdot N_{tcc} \cdot \frac{m_s^2}{g_c \cdot \rho_s} \cdot \varepsilon \qquad (4-12)$$

式中：N_{tcc}——有效横流管排数。

摩擦因子f_s计算公式为：

$$f_s = \frac{52}{Re_s} + 0.17 \quad (1 \leqslant Re_s \leqslant 500) \qquad (4-13)$$

$$f_s = 0.56 Re_s^{-0.14} \quad (500 \leqslant Re_s) \qquad (4-14)$$

中间各段内部横流总压降Δp_c的计算公式为：

$$\Delta p_c = (N_b - 1)\Delta p_b \cdot \varepsilon \qquad (4-15)$$

式中：N_b——折流板数量。

$$\Delta p_e = 2\Delta p_b \cdot \left(1 + \frac{N_{tcw}}{N_{tcc}} \right) \cdot \varepsilon \qquad (4-16)$$

$$\Delta p_w = \frac{(2 + 0.6 N_{tcw}) \cdot m^2}{2g \cdot \rho_s} \quad (Re_s \geqslant 100) \qquad (4-17)$$

$$\Delta p_w = \frac{26 \cdot m_w \cdot h_s}{g \cdot \rho_s} \left(\frac{N_{tcw}}{L_{tp} - d} + \frac{L_{bc}}{D_w^2} \right) + 2 \frac{m_w^2}{g \cdot \rho_s} \quad (Re_s < 100) \qquad (4-18)$$

式中：L_{tp}——管间距，m；

　　　L_{bc}——中间段折流板跨距，m。

壳程总压降 Δp_s 计算公式为：

$$\Delta p_s = \left[(N_b - 1) \Delta p_b \varepsilon_1 + N_b \cdot \Delta p_w \right] \cdot \left(1 + \frac{N_{tcw}}{N_{tcc}} \right) \cdot \varepsilon_2 \qquad (4\text{-}19)$$

管内侧传热系数经验计算公式为：

$$\frac{k_t \cdot d_i}{\lambda} = 1.68 \left[Re_t \cdot Pr_t \cdot \frac{d_i}{L} \right]^{0.5} \cdot Pr_t^{1/3} \cdot \left(\frac{\mu_t}{\mu_w} \right)^{0.14} \quad (Re \leqslant 2100) \qquad (4\text{-}20)$$

$$\frac{k_t \cdot d_i}{\lambda} = 0.027 Re_t^{0.8} \cdot Pr_t^{1/3} \cdot \left(\frac{\mu_t}{\mu_w} \right)^{0.14} \quad (Re > 10000) \qquad (4\text{-}21)$$

$$\frac{k_t \cdot d_i}{\lambda} = 0.023 Re_t^{0.8} \cdot Pr_t^{0.4} \cdot \left(\frac{\mu_t}{\mu_w} \right)^{0.14} \quad (2100 < Re \leqslant 10000) \qquad (4\text{-}22)$$

式中：Re_t——管侧流体雷诺数；

　　　Pr_t——管侧流体普朗特数。

管内压降 Δp_t 计算公式为：

$$\Delta p_t = f_t \cdot \left(\frac{L}{d_i} \right) \frac{m_t^2}{2g \cdot \rho_t} \varepsilon \qquad (4\text{-}23)$$

层流状态下：
$$f_t = \frac{64}{Re_t} \qquad (4\text{-}24)$$

湍流状态下：
$$f_t = \frac{0.3164}{Re_t^{0.25}} \qquad (4\text{-}25)$$

过渡区状态下：
$$f_t = \frac{0.184}{Re_t^{0.2}} \qquad (4\text{-}26)$$

② 板式换热器。

板式换热器的能量平衡方程为：

$$Q = m_h \cdot c_{p,h} \cdot (t_{h,in} - t_{h,out}) = m_c \cdot c_{p,c} \cdot (t_{c,out} - t_{c,in}) = U \cdot A \cdot \Delta t_m \quad (4\text{-}27)$$

$$\Delta t_m = \frac{(t_{h,in} - t_{c,out}) - (t_{h,out} - t_{c,in})}{\ln \left[(t_{h,in} - t_{c,out}) / (t_{h,out} - t_{c,in}) \right]} \qquad (4\text{-}28)$$

$$U = \left[\frac{1}{k_s} + R_{out} + \frac{\delta_w}{\lambda_w} + R_{in} + \frac{1}{k_t} \right]^{-1} \qquad (4\text{-}29)$$

湍流状态下的常用经验换热准则关联式为：

$$Nu = 0.374 Re^{0.668} \cdot Pr^{0.33} \cdot \left(\frac{\mu_b}{\mu_w} \right) \qquad (4\text{-}30)$$

层流状态下的常用经验换热准则关联式为：

$$Nu = C \cdot (Re \cdot Pr \cdot d_e / L)^{0.333} \cdot Pr^{0.33} \cdot \left(\frac{\mu_b}{\mu_w} \right)^{0.14} \qquad (4\text{-}31)$$

式中：C——系数，一般取 $1.68 \sim 4.5$；

　　　L——有效板片长度，m；

　　　d_e——当量直径，m。

板式换热器单侧总压降 Δp 经验计算公式为：

$$\Delta p = \frac{4f \cdot L \cdot m^2}{2g \cdot \rho \cdot d_e} \cdot \left(\frac{\mu_w}{\mu_b}\right) \quad (4\text{-}32)$$

摩擦系数 f 经验计算公式为：

$$f = \frac{2.5}{Re^{0.3}} \quad (4\text{-}33)$$

(3) 溴化锂吸收式热泵[12-15]。

能量平衡方程为：

$$Q_{gen} + Q_{eva} = Q_{abs} + Q_{con} \quad (4\text{-}34)$$

性能系数计算公式为：

$$COP_h = \frac{Q_{abs}}{Q_{gen} + Q_{con}} \quad (4\text{-}35)$$

发生器能量平衡方程为：

$$m_w(h_{w,in} - h_{w,out}) = m_{sr,gen,out} \cdot h_{sr,out} - m_{wr,gen,in} \cdot h_{r,out} + m_{r,w}h_{r,sw} \quad (4\text{-}36)$$

$$Q_{gen} = U \cdot A \cdot \Delta t_m \quad (4\text{-}37)$$

$$U_{gen} = \left[\frac{1}{k_w} + R_r + R_w + \frac{1}{k_r \cdot \varepsilon_t}\right]^{-1} \quad (4\text{-}38)$$

式中：h_w——水侧传热系数，W/（m²·℃）；

　　　R_w——水侧污垢热阻，（m²·℃）/W；

　　　R_r——制冷工质侧污垢热阻，（m²·℃）/W；

　　　h_r——工质对侧的传热系数，W/（m²·℃），一般取 0.000086～0.000172；

　　　ε_t——换热管管外侧表面积与管内侧表面积之比。

$$\Delta t_m = \Delta t_{max} - a \cdot \Delta t_a - b \cdot \Delta t_b \quad (4\text{-}39)$$

式中：Δt_{max}——冷热流体最大温差，℃；

　　　Δt_a——a 流体在换热过程中的温度变化，℃；

　　　Δt_b——b 流体在换热过程中的温度变化，℃，$\Delta t_a < \Delta t_b$；

　　　a——逆流方式取 0.35，顺流方式取 0.65，两种流体叉流取 0.425，一种流体叉流取 0.5；

　　　b——通常取 0.65。

制冷工质的质量平衡方程组为：

$$m_{wr,in} = m_{sr,out} + m_{r,w} \quad (4\text{-}40)$$

$$m_{wr,in} \cdot x_{abs} = m_{sr,out} \cdot x_{gen} \quad (4\text{-}41)$$

发生器传热温差经验计算公式为：

$$\Delta t_{gen} = (t_{gw,in} - t_{wr,gen,s}) - 0.35(t_{sr,gen,out} - t_{wr,gen,s}) - 0.65(t_{gw,in} - t_{gw,out})$$

$$(4\text{-}42)$$

式中：$t_{wr,gen,s}$——溴化锂稀溶液在发生器中的饱和发生温度，℃。

发生器管内的水侧传热系数 k_w 经验计算公式为：

$$k_w = 0.23 \frac{\lambda}{d} \cdot Re^{0.8} \cdot \left(\frac{c_p \cdot \mu}{\lambda}\right)^{0.4} \tag{4-43}$$

或

$$k_w = 12.6 \cdot C \cdot \left(\frac{1.4}{d}\right)^{0.2} \cdot \nu^{0.8} \tag{4-44}$$

式中：C——取值方法见表 4-1。

表 4-1　系数 C 取值表[8-10]

平均水温（℃）	清水	海水
0	240	—
5	258	—
10	276	259
15	293	275
20	310	290
25	325	307
30	340	327
35	355	336
40	368	350

管内为加热蒸汽的传热系数经验计算公式为：

$$k_w = \frac{q^{0.5} \cdot l^{0.35}}{d^{0.25}} \cdot \frac{1.26\lambda \cdot \gamma'}{(r \cdot \nu)^{0.5} \cdot \gamma''^{0.3} \cdot \sigma^{0.3}} \tag{4-45}$$

式中：q——热流密度，kcal/（m² · h）；

$\quad l$——管长，m；

$\quad d$——管内径，m；

$\quad \lambda$——导热系数，kcal/（m · h · ℃）；

$\quad \gamma'$——液体密度，kg/m³；

$\quad \gamma''$——蒸汽密度，kg/m³；

$\quad r$——潜热，kcal/kg；

$\quad \nu$——运动黏度系数，m²/h；

$\quad \sigma$——表面张力，kg/m。

发生器的溶液侧传热系数 k_r 经验计算公式为：

$$k_r = 3 \times 10^{-8} q^3 - 0.0001 q^2 - 0.3172q \tag{4-46}$$

冷凝器的能量平衡方程为：

$$Q_{con} = m_{cw}(h_{cw,out} - h_{cw,in}) \tag{4-47}$$

$$Q_{con} = m_{r,w}(h_{sw,in} - h_{sw,out}) \tag{4-48}$$

$$Q_{con} = U_{con} \cdot A_{con} \cdot \Delta t_{con} \tag{4-49}$$

$$\Delta t_{con} = (t_{con} - t_{cw,con,in}) - 0.65(t_{cw,con,out} - t_{cw,con,in}) \tag{4-50}$$

$$U_{con}=\left(\frac{1}{k_w}+R_r+R_w+\frac{1}{k_r \cdot S}\right)^{-1} \tag{4-51}$$

冷凝器管外侧可视为膜状凝结，其传热系数经验计算公式为：

$$k_r=0.725\left(\frac{\gamma^2 \cdot \lambda^3 \cdot \gamma'}{L \cdot \mu \cdot (t_{con}-t_w)}\right)^{0.25} \tag{4-52}$$

溴化锂吸收式制冷机的冷凝器冷凝侧传热系数通常取 $15200W/$（$m^2 \cdot ℃$）。

吸收器的能量平衡方程为：

$$Q_{abs}=m_{cw}(h_{cw,abs,out}-h_{cw,abd,in}) \tag{4-53}$$

$$Q_{abs}=m_{sr,abs,in} \cdot h_{sr,abs,in}+m_{r,w} \cdot h_{sw,eva,out}-m_{wr,abs,out} \cdot h_{wr,abs,out} \tag{4-54}$$

$$Q_{abs}=U_{abs} \cdot A_{abs} \cdot \Delta t_{abs} \tag{4 55}$$

$$\Delta t_{abs}=(t_{abs,s}-t_{cw,abs,in})-0.35(t_{sr,abs,s}-t_{wr,abs,out})-0.65(t_{cw,out}-t_{cw,in}) \tag{4-56}$$

式中：$t_{sr,abs,s}$——溴化锂浓溶液在吸收器中的饱和吸收温度，℃。

$$U_{abs}=\left(\frac{1}{k_w}+R_r+R_w+\frac{1}{k_r \cdot S}\right)^{-1} \tag{4-57}$$

对于水平布管的吸收器，其溶液侧传热系数经验计算公式为：

$$h_r=10^{0.75-0.087x} \cdot \frac{\lambda}{l} \cdot Re^{0.8} \cdot Pr^{1.1} \tag{4-58}$$

式中：x——溴化锂溶液浓度。

蒸发器的能量平衡方程为：

$$Q_{eva}=m_w(h_{w,eva,in}-h_{w,eva,out}) \tag{4-59}$$

$$Q_{eva}=m_{r,w}(h_{sw,out}-h_{sw,in}) \tag{4-60}$$

$$Q_{eva}=U_{eva} \cdot A_{eva} \cdot \Delta t_{eva} \tag{4-61}$$

$$\Delta t_{eva}=(t_{w,eva,in}-t_{eva})-0.65(t_{w,eva,in}-t_{w,eva,out}) \tag{4-62}$$

$$U_{eva}=\left(\frac{1}{k_w}+R_r+R_w+\frac{1}{k_r \cdot S}\right)^{-1} \tag{4-63}$$

溴化锂吸收式制冷机中的蒸发器是喷淋式蒸发器，其传热传质原理类似于降膜蒸发器。冷剂水将管内外壁润湿为薄膜，并在薄膜表面进行蒸发。其传热系数经验计算公式为：

$$k_r=C \cdot Pr^{1/3} \cdot \left(\frac{\lambda}{\delta}\right)\left(\frac{m}{2L}-\frac{\rho}{\mu}\right) \tag{4-64}$$

通常，蒸发器的管外侧降膜蒸发传热系数取 $7000\sim12830W/$（$m^2 \cdot ℃$）。

溶液换热器的能量平衡方程为：

$$Q_{rhe}=m_{sr,gen,out}(h_{sr,gen,out}-h_{sr,rhe,out}) \tag{4-65}$$

$$Q_{rhe}=m_{wr,abs,out}(h_{wr,rhe,out}-h_{wr,abs,in}) \tag{4-66}$$

$$Q_{rhe}=U_{rhe} \cdot A_{rhe} \cdot \Delta t_{rhe} \tag{4-67}$$

$$\Delta t_{rhe}=(t_{sr,in}-t_{wr,in})-0.35(t_{sr,in}-t_{sr,out})-0.65(t_{wr,out}-t_{wr,in}) \tag{4-68}$$

$$U_{rhe} = \left(\frac{1}{k_{wr}} + R_r + \frac{1}{k_{sr} \cdot S} \right)^{-1} \tag{4-69}$$

溶液换热器的传热系数经验计算公式为：

叉排布置时： $\qquad k = 0.33 \frac{\lambda}{l} \cdot \varepsilon \cdot Re^{0.6} \cdot Pr^{1/3} \tag{4-70}$

顺排布置时： $\qquad k = 0.264 \frac{\lambda}{l} \cdot \varepsilon \cdot Re^{0.6} \cdot Pr^{1/3} \tag{4-71}$

式中：ε——修正系数，取值见表4-2。

表 4-2 修正系数 ε[10]

管根数	2	3	4	5	6	7	8	9	10
ε	0.70	0.82	0.87	0.92	0.94	0.96	0.97	0.99	1.00

制冷工质增压机能量平衡方程为：

$$N_{gc} = m \cdot [h_{out}(p, t) - h_{in}(p, t)] \cdot \eta_{gc} \tag{4-72}$$

$$\eta_{is} = [h_{out}^s(p, t) - h_{in}(p, t)] / [h_{out}(p, t) - h_{in}(p, t)] \tag{4-73}$$

式中：$h_{in}(p, t)$——制冷工质入口焓，J/kg；

$\qquad h_{out}(p, t)$——制冷工质出口实际焓，J/kg；

$\qquad \eta_{is}$——等熵效率，%；

$\qquad \eta_{gc}$——发动机效率，%。

工质泵能量平衡方程为：

$$N_{rlp} = m_{rl} \cdot [h_{out}(p, t) - h_{in}(p, t)] \cdot \eta_{rp} \tag{4-74}$$

冷剂泵能量平衡方程为：

$$N_{rp} = m_r \cdot [h_{out}(p, t) - h_{in}(p, t)] \cdot \eta_{rlp} \tag{4-75}$$

2. 中继能源站

中继能源站可布置燃气锅炉、直燃型或蒸汽型溴化锂吸收式热泵、烟气余热回收器或汽-水换热器、平板型太阳能集热器。

(1) 燃气锅炉[16]。完全预混式燃烧因具有热强度高、燃烧温度高、过量空气系数小、燃烧速度快、火焰稳定性差等特点，是当前燃气锅炉采用的主要燃烧方式。

对于气体燃料，各种可燃成分的化学反应方程式如下：

$$CO + 0.5 O_2 = CO_2 + 3035 kcal/N\,m^3 \tag{4-76}$$

$$H_2 + 0.5 O_2 = H_2O (蒸汽) + 3050 kcal/N\,m^3 \tag{4-77}$$

$$CH_4 + 2O_2 = CO_2 + 2H_2O (蒸汽) + 9530 kcal/N\,m^3 \tag{4-78}$$

$$C_2H_4 + 3O_2 = 2CO_2 + 2H_2O (蒸汽) + 15280 kcal/N\,m^3 \tag{4-79}$$

$$C_2H_6 + 3.5O_2 = 2CO_2 + 3H_2O (蒸汽) + 16820 kcal/N\,m^3 \tag{4-80}$$

$$2C_3H_6 + 9O_2 = 6CO_2 + 6H_2O (蒸汽) + 22540 kcal/N\,m^3 \tag{4-81}$$

$$C_3H_8 + 5O_2 = 3CO_2 + 4H_2O (蒸汽) + 24370 kcal/N\,m^3 \tag{4-82}$$

$$2C_4H_{10} + 13O_2 = 8CO_2 + 10H_2O \text{（蒸汽）} + 32010\text{kcal/N m}^3 \tag{4-83}$$

1Nm^3 气体燃料的高位发热值计算公式为：

$$H_h = (3035\,x_{CO} + 3050\,x_{H_2} + 9530\,x_{CH_4} + 15280\,x_{C_2H_4} + 16820\,x_{C_2H_6}$$
$$22540 x_{C_3H_6} + 24370\,x_{C_3H_8} + 32010 x_{C_4H_{10}})\,/100 \tag{4-84}$$

$$H_l = H_h - 4.8\,(x_{H_2} + 2\,x_{CH_4} + 2\,x_{C_2H_4} + 3\,x_{C_2H_6} + 3x_{C_3H_6} + 4\,x_{C_3H_8} + 5x_{C_4H_{10}}) \tag{4-85}$$

式中：x——各种燃料的体积百分比；

H_h、H_l——高位、低位发热值，kcal/Nm^3。

理论需氧量V'_{O_2}计算公式为：

$$V'_{O_2} = 0.5\,V_{CO} + 0.5\,V_{H_2} + 2\,V_{CH_4} + 3\,V_{C_2H_4} + 3.5\,V_{C_2H_6} +$$
$$4.5\,V_{C_3H_6} + 5\,V_{C_3H_8} + 6.5\,V_{C_4H_{10}} \tag{4-86}$$

实际需要的空气量V_{O_2}计算公式为：

$$\frac{V_{O_2}}{V'_{O_2}} = \alpha \tag{4-87}$$

式中：α——过量空气系数。

燃气锅炉燃烧反应方程为：

$$CH_4 + 2(1+\alpha)(O_2 + 3.76\,N_2) \longrightarrow CO_2 + 2\,H_2O + 7.52(1+\alpha)N_2 \tag{4-88}$$

式中：α——过量空气系数。

燃气锅炉负荷Q_{gb}计算公式为：

$$Q_{gb} = \eta_b \cdot B \cdot Q_{fg,low} \tag{4-89}$$

式中：η_b——燃气锅炉热效率；

B——燃气燃烧速率，Nm^3/s；

$Q_{fg,low}$——燃气的低位发热值，J/Nm^3。

工质侧的热平衡方程为：

$$Q_{gb,cr} = m_{1w}(h_{1w,gb,out} - h_{1w,gb,in}) \tag{4-90}$$

火焰和烟气辐射换热量Q计算公式为：

$$Q = \frac{\sigma_0 a_l H_f}{B_j}(T_{hy}^4 - T_b^4) \tag{4-91}$$

式中：σ_0——绝对黑体辐射常数，$5.67 \times 10^{-11}\text{kW/}(\text{m}^2 \cdot \text{K}^4)$；

a_l——炉膛黑体；

H_f——有效辐射受热面积，m^2；

T_{hy}——火焰平均温度，K；

T_b——管壁表面温度，K；

B_j——燃料消耗量，Nm^3/s。

火焰平均温度计算公式为：

$$T_{hy} = T''_l + 0.25(T_u - T''_l) \tag{4-92}$$

式中：T''_l——炉膛出口温度，K；

T_u——理论燃烧温度，K。

管壁的外表面温度经验计算公式为：

$$T_b = \varepsilon \cdot q_f + T_{gb} \tag{4-93}$$

式中：T_{gb}——管壁外表面温度取锅炉工作压力下的水的饱和温度，K；

ε——管壁外灰层热阻，一般取 0.0026m² · ℃/W；

q_f——辐射受热面的平均热负荷。

$$q_f = \frac{\varphi B_j V_{cpj}}{H_f}(T_u - T''_l) \tag{4-94}$$

在实际设计中，对于辐射受热面，管壁外表面温度可取锅炉工作压力的饱和温度加上 90℃；对于对流受热面，管壁外表面温度可取锅炉工作压力的饱和温度加上 60℃。

烟气侧的热平衡方程为：

$$Q_{gb,rp} = \varphi(h' - h'' + \Delta a h_k^0) \tag{4-95}$$

$$Q_{gb} = \frac{K_{gb} \cdot A \cdot \Delta t}{B_j} \tag{4-96}$$

$$Q_{gb} = Q_{gb,cr} = Q_{gb,rp} \tag{4-97}$$

$$K'_{gb} = \frac{1}{\frac{1}{h_{fg}} + \varepsilon + \frac{1}{h_r}} \tag{4-98}$$

$$K_{gb} = \psi \cdot K'_{gb} \tag{4-99}$$

式中：ψ——有效系数，表示有灰污与无灰污时的传热系数比值。燃气锅炉的有效系数通常取 0.85。

对于横向冲刷管束，$\varepsilon = 1$；对于横向和纵向复合冲刷方式，$\varepsilon = 0.85 \sim 0.95$。

① 横向冲刷管束为错列布置的对流换热系数经验计算公式：

$$k_{fg,c} = c_1 \cdot c_2 \frac{\lambda}{d} Re^{0.6} \cdot Pr^{0.33} \tag{4-100}$$

式中：c_1——管束结构特性修正系数，取决于横向管间流通截面与斜向管间流通截面之比 φ；

c_2——管束的排数修正系数，取决于管排数 Z。

$$c_1 = 0.34 \varphi^{0.1} (0.1 < \varphi \leqslant 1.7) \tag{4-101}$$

$$c_1 = 0.275 \varphi^{0.5} (1.7 < \varphi \leqslant 4.5) \tag{4-102}$$

当横向节距 $\omega_1 < 3$ 且排数 $Z < 10$ 时，$c_2 = 3.12 Z^{0.05} - 2.5 \tag{4-103}$

当横向节距 $\omega_1 \geqslant 3$ 且排数 $Z < 10$ 时，$c_2 = 4 Z^{0.02} - 3.2 \tag{4-104}$

当排数大于 10 时，$c_2 = 1$。

② 横向冲刷管束为顺列布置的对流换热系数计算公式：

$$k_{fg,c} = 0.2c_1 \cdot c_2 \frac{\lambda}{d} Re^{0.55} \cdot Pr^{0.33} \tag{4-105}$$

$$c_1 = \left[1 + (2\,\omega_1 - 3)\left(1 - \frac{\omega_2}{2}\right)^3 \right]^{-2} \tag{4-106}$$

式中：ω_2——纵向节距，m。

$$c_2 = 0.91 + 0.0125(Z-2)\ (Z<10) \tag{4-107}$$

$$c_2 = 1\ (Z \geqslant 10) \tag{4-108}$$

③ 纵向冲刷光管管束的对流换热系数计算公式（$Re>10^4$）：

$$k_{fg,c} = 0.023\,c_3\frac{\lambda}{d}Re^{0.8} \cdot Pr^{0.4} \cdot \left(\frac{T}{T_b}\right)^{0.5} \tag{4-109}$$

式中：c_3——修正系数，包括管径修正系数。

④ 纵向冲刷螺纹管对流换热准则经验关联式为：

$$Nu = 0.0144\left(\frac{d}{\theta}\right)^{0.08}\left(\frac{\vartheta}{d}\right)^{0.112}Re^{0.926} \tag{4-110}$$

式中：θ——螺纹间距，m；

ϑ——螺纹深度，m。

适用条件为：$\vartheta/d = 0.0196 \sim 0.0682$，$\theta/d = 0.324 \sim 0.920$。

⑤ 环状肋片顺列管束的对流换热准则经验关联式：

$$Nu = 0.30\,Re^{0.625} \cdot Pr^{0.333} \cdot \varepsilon_f^{-0.375} \tag{4-111}$$

式中：ε_f——肋化系数。

适用条件为：$5<\varepsilon_f<12$，$5\times10^3<Re<10^5$。

⑥ 环状肋片错列管束对流换热准则经验关联式：

$$Nu = 0.45\,Re^{0.625} \cdot Pr^{0.333} \cdot \varepsilon_f^{-0.375} \tag{4-112}$$

适用条件为：$5<\varepsilon_f<12$，$5\times10^2<Re<10^4$。

⑦ 环状肋片错列管束低雷诺数下的对流换热准则经验关联式：

$$Nu = 0.245\,Re^{0.58} \cdot Pr^{0.333} \tag{4-113}$$

适用条件为：$20<Re<500$。

⑧ 烟气对管群的辐射换热系数$h_{fg,r}$计算公式：

$$k_{fg,r} = 5.1\times10^{-11} \in \cdot T^3 \cdot \left[1+\left(\frac{T_b}{T}\right)^2\right] \cdot \left[1+\frac{T_b}{T}\right] \tag{4-114}$$

式中：$\in$——烟气黑度；

T_b——管壁面温度，K。

（2）直燃型溴化锂吸收式热泵。

能量平衡方程为：

$$Q_{gen} + Q_{eva} = Q_{con} + Q_{abs} \tag{4-115}$$

$$Q_{gen} = \eta_b \cdot B \cdot Q_{fg,low} \tag{4-116}$$

$$Q_{con} + Q_{abs} = m_{1w}(h_{1ws,con,out} - h_{1ws,con,in}) \tag{4-117}$$

式中：$h_{1ws,con,in}$、$h_{1ws,con,out}$——一次水进、出吸收式热泵冷凝器的焓，J/kg。

$$Q_{eva} = m_{1w}(h_{1wr,eva,out} - h_{1wr,eva,in}) \tag{4-118}$$

式中：$h_{1wr,eva,in}$、$h_{1wr,eva,out}$——一次水进、出吸收式热泵蒸发器的焓，J/kg。

直燃型溴化锂吸收式热泵的制冷性能系数 COP 计算公式为：

$$COP = \frac{Q_{eva}}{Q_{gen}} \tag{4-119}$$

直燃型吸收式热泵的发生器烟气侧传热系数计算方法类似于燃气锅炉。直燃型吸收式热泵的其他部件传热计算模型与升温型溴化锂吸收式热泵相似，二者只是低压区分布不同，且所实现的功能不同而已。

（3）烟气余热回收器。烟气余热回收器通常采用管翅式换热器，循环水在管内流动，烟气在管外侧流动，其换热负荷 Q_{ghe} 计算公式为：

$$Q_{ghe} = m_{1w}(h_{1wr,ghe,out} - h_{1wr,ghe,in}) \tag{4-120}$$

$$Q_{ghe} = m_{fg}(h_{fg,in} - h_{fg,out}) \tag{4-121}$$

$$Q_{ghe} = U_{ghe} \cdot A_{ghe} \cdot \Delta t_{m,ghe} \tag{4-122}$$

$$U_{ghe} = \varepsilon \left[\frac{1}{k_{fg}} + R_{out} + \frac{\delta_w}{\lambda_w} \cdot \frac{A_{out}}{A_{med}} + \left(R_{in} + \frac{1}{h_w} \right) \frac{A_{out}}{A_{in}} \right]^{-1} \tag{4-123}$$

$$\Delta t_{m,ghe} = \frac{(t_{fg,in} - t_{1wr,ghe,out}) - (t_{fg,out} - t_{1wr,ghe,in})}{\ln\left[(t_{fg,in} - t_{1wr,ghe,out}) / (t_{fg,out} - t_{1wr,ghe,in}) \right]} \tag{4-124}$$

管内循环水侧的传热系数 h_w 与管壳式换热器的管内侧循环水传热系数计算方法及关联式相同。

$$k_{fg} = \varepsilon \cdot (h_{fg,c} + h_{fg,r}) \tag{4-125}$$

烟气换热器的水侧传热系数如同上述水-水换热器，烟气侧传热系数计算方法如同上述燃气锅炉。

（4）蒸汽型溴化锂吸收式热泵。与直燃型溴化锂吸收式热泵相比，蒸汽型溴化锂吸收式热泵的发生器的驱动热源是低压蒸汽。水蒸气在发生器的换热管内的凝结传热系数计算公式为：

$$k_r = h_{r,l} \cdot \left[(1-x)^{0.8} + \frac{3.8\, x^{0.76} \cdot (1-x)^{0.04}}{R^{0.38}} \right] \tag{4-126}$$

$$k_{r,l} = 0.023 \frac{\lambda}{d} Re^{0.8} \cdot Pr^{0.3} \tag{4-127}$$

适用条件为：7mm$<d<$40mm，10.83$<m<$1600kg/（m²·s），21℃$<t_s<$310℃，3$<u<$300m/s。

（5）汽-水换热器。

能量平衡方程为：

$$Q_{swhe} = m_{r,w}(h_{r,s} - h_{r,w}) \tag{4-128}$$

$$Q_{swhe} = m_{1w}(h_{1ws,out} - h_{1ws,in}) \tag{4-129}$$

$$Q_{swhe} = U_{swhe} \cdot A_{swhe} \cdot \Delta t_{m,swhe} \tag{4-130}$$

$$\Delta t_{m,swhe} = \frac{(t_s - t_{1ws,in}) - (t_s - t_{1ws,out})}{\ln\left[(t_s - t_{1ws,in}) / (t_s - t_{1ws,out}) \right]} \tag{4-131}$$

① 水蒸气与热网循环水在管壳式换热器中进行能量传递时，水蒸气壳侧的冷凝传热系数计算公式为：

$$U_{swhe} = \left[\frac{1}{k_r} + R_{out} + \frac{\delta_w}{\lambda_w} \cdot \frac{A_{out}}{A_{med}} + \left(R_{in} + \frac{1}{k_{1ws}} \right) \frac{A_{out}}{A_{in}} \right]^{-1} \quad (4\text{-}132)$$

$$k_r = 0.729 \left[\frac{g \cdot \lambda_l^3 \cdot \rho_l \cdot (\rho_l - \rho_v) \cdot \gamma'}{\mu_l \cdot (t_s - t_w) \cdot d} \right]^{1/4} \quad (4\text{-}133)$$

热网循环水在管内的传热系数与前述水水管壳式换热器相似。

② 水蒸气与热网循环水在波纹板式换热器中能量传递时，水蒸气侧的凝结换热准则经验关联式为：

$$U_{swhe} = \left(\frac{1}{k_r} + R_{out} + \frac{\delta_w}{\lambda_w} + R_{in} + \frac{1}{k_{1ws}} \right)^{-1} \quad (4\text{-}134)$$

$$Nu = 0.00116 \left(\frac{Re_l}{\delta} \right)^{0.983} \cdot Pr_l^{0.33} \cdot \left(\frac{\rho_l}{\rho_v} \right)^{0.248} \quad (4\text{-}135)$$

$$Re_l = \frac{m \cdot (1-x) \cdot d}{\mu_l} \quad (4\text{-}136)$$

$$\delta = \frac{c_p \cdot \Delta t}{\gamma(1 + 0.68 Ja)} \quad (4\text{-}137)$$

$$Ja = \frac{c_p \cdot \rho_l \cdot \Delta t}{\rho_v \cdot h_r} \quad (4\text{-}138)$$

式中：c_p——液态工质定压比热，kJ/（kg·℃）；

$\quad \Delta t$——冷凝温差，℃；

$\quad \rho_l$，ρ_v——液态工质、气态工质密度，kg/m³；

$\quad \gamma$——汽化潜热，kJ/kg；

$\quad x$——干度。

汽水板式换热器的水侧对流传热系数计算与水水板式换热器相同。

（6）平板型太阳能集热器。

平板型太阳能集热器瞬时热平衡方程为：

$$q_c = \varepsilon \cdot [\tau \cdot a \cdot I_c - K_c(t_f - t_a)] \quad (4\text{-}139)$$

式中：q_c——集热器单位透光面积获得的热量，W/m²；

$\quad \tau$——集热器透光板的透射率；

$\quad a$——吸热板的吸收率；

$\quad I_c$——太阳能总辐射强度，W/m²；

$\quad t_f$——集热器热媒的平均温度，℃；

$\quad t_a$——周围空气环境温度，℃；

$\quad K_c$——热损失系数；

$\quad \varepsilon$——修正系数。

修正系数 ε 与吸热板导热系数、板厚度、板上管的问题、管内热媒传热系数等有关，随着导热系数增大、板厚度增大、管间距减小、管内热媒传热系数增大而增大。对于铜制吸热板（厚度为 0.5～0.75mm，管间距为 75～125mm），ε 为 0.9～0.96；对于铝制吸热板（厚度为 0.5～1mm，管间距为 75～125mm），ε 为 0.89～0.96；对于钢制吸热板（厚度为 0.5～1.6mm，管间距为 75～125mm），ε 为 0.75～0.95[17]。

太阳能集热器集效率 η_c 经验计算公式为：

$$\eta_c = \left(\frac{A_a}{A_c}\right)\varepsilon_r\left[(\tau a) - K_c\frac{t_f - t_a}{I_c}\right] \tag{4-140}$$

式中：A_a——集热器透光面积，m^2；

　　　A_c——集热器外形面积，m^2；

　　　ε_r——热转移系数，对于液体型集热器，$\frac{\varepsilon_r}{\varepsilon}=0.95$。

3. 一次热网

循环水热网管线比摩阻 R 计算公式[18]为：

$$R = 6.88\times10^3 \cdot \sigma^{0.25}\frac{m^2}{\rho \cdot d^{5.25}} \tag{4-141}$$

式中：σ——管壁的当量绝对粗糙度，m，热水网路通常取 0.0005；

　　　m——管段的循环水流量，t/h；

　　　ρ——管段内循环水密度，kg/m^3；

　　　R——比摩阻，Pa/m。

　　　d——管段的内径，m。

循环水管网局部损失 Δp_l 计算公式为：

$$\Delta p_l = \sum\zeta\frac{\rho \cdot u^2}{2} \tag{4-142}$$

式中：ζ——局部阻力系数；

　　　u——管段循环水流速，m/s。

热水允许最大流速与管径关系为：当管径为 32～40mm 时，最大流速为 0.5～1.0m/s；当管径为 50～100mm 时，最大流速为 1.0～2.0m/s；当管径大于或等于 150mm 时，最大流速为 2.0～3.0m/s。

局部阻力的折算的当量长度 l_d 为：

$$l_d = 9.1\frac{d^{1.25}}{K^{0.25}} \cdot \sum\zeta \tag{4-143}$$

《城镇供热管网设计规范》（CJJ 34—2010）规定：热力管网主干线比摩阻宜采用 30～70Pa/m；热力管网支干线、支线热水流速不应大于 3.5m/s，其比摩阻不应大于 300Pa/m。

管段阻抗 S_j 计算公式为：

$$S_j = 6.88\times10^{-9}\frac{\sigma_j^{0.25}}{d_j^{5.25}}(l_j + l_{jd})\rho \tag{4-144}$$

式中：S_j——管网阻抗，$Pa/(m^3/h)^2$；

l_j、l_{jd}——管段的长度及局部阻力当量长度，m。

对于串联管段，总阻抗S_{st}计算表达式为：

$$S_{st} = \sum S_j \tag{4-145}$$

对于并联管段，总阻抗S_{st}计算表达式为：

$$\frac{1}{\sqrt{S_{pt}}} = \sum \frac{1}{\sqrt{S_j}} \tag{4-146}$$

$$\frac{m_1}{\rho_1} : \frac{m_2}{\rho_2} \cdots \frac{m_j}{\rho_j} = \frac{1}{\sqrt{S_1}} : \frac{1}{\sqrt{S_2}} \cdots \frac{1}{\sqrt{S_i}} \tag{4-147}$$

循环水管网总损失 ΔP 计算公式为：

$$\Delta P = 1.10 \times \sum (R_j \cdot l_j + \Delta P_{l,j}) \tag{4-148}$$

$$\Delta H = \zeta \frac{[4 m_{1ws}/(\rho \cdot \pi \cdot d^2)]^2}{2g} \tag{4-149}$$

循环水泵电功率N_{wp}计算公式为：

$$N_{wp} = \frac{m_{1ws} \cdot \Delta P}{\rho \cdot \eta_{wp}} \tag{4-150}$$

4. 热力站

1）压缩式大温差换热机组[2]。

能量平衡方程为：

$$Q_{che} = m_{1w}(h_{1w,in} - h_{1w,out}) \tag{4-151}$$

$$Q_{che} = m_{2w}(h_{2w,out} - h_{2w,in}) \tag{4-152}$$

$$Q_{che} = Q_{whe} + Q_{eva} + N_{com} \tag{4-153}$$

$$Q_{whe} + Q_{con} = Q_{whe} + Q_{eva} + N_{com} \tag{4-154}$$

$$Q_{eva} = m_{1w}(h_{1w,eva,in} - h_{1w,out}) \tag{4-155}$$

$$Q_{whe} = m_{1w}(h_{1w,in} - h_{1w,whe,out}) \tag{4-156}$$

$$Q_{con} = m_{2w,con}(h_{2w,con,out} - h_{2w,in}) \tag{4-157}$$

$$Q_{con} = m_r(h_{r,con,in} - h_{r,con,out}) \tag{4-158}$$

$$m_{1w}(h_{1w,in} - h_{1w,whe,out}) = m_{2w,whe}(h_{2w,whe,out} - h_{2w,in}) \tag{4-159}$$

$$m_{2w} = m_{2w,con} + m_{2w,whe} \tag{4-160}$$

$$Q_{eva} = m_r(h_{r,eva,out} - h_{r,eva,in}) \tag{4-161}$$

$$N_{com} = m_r(h_{r,con,in} - h_{r,eva,out}) \tag{4-162}$$

$$m_{2w} \cdot h_{2w,out} = m_{2w,con} \cdot h_{2w,con,out} + m_{2w,whe} \cdot h_{2w,whe,out} \tag{4-163}$$

（1）压缩机。根据压缩式大温差换热机组容量及运行特性需求，压缩机可采用螺杆式压缩机或涡旋式压缩机或离心式压缩机。此外，还可以根据机组容量和运行工况选择活塞式压缩机或滚动转子式压缩机。

压缩机等熵效率计算公式为：

$$\eta_{is} = \frac{h_{r,com,out,s} - h_{r,eva,out}}{h_{r,con,out} - h_{r,eva,out}} \tag{4-164}$$

① 螺杆式压缩机[19-22]。

螺杆式压缩机理论输气量q_{vt}计算公式为：

$$q_{vt} = z_1 \cdot n_1 \cdot V_{p01} + z_2 \cdot n_2 \cdot V_{p02} \tag{4-165}$$

式中： q_{vt}——理论输气量，m^3/min；

z_1、z_2——阴阳转子的齿数；

V_{p01}、V_{p02}——阴阳转子的一个齿间容积，m^3；

n_1、n_2——阴阳转子转速，r/min。

$$z_1 \cdot n_1 = z_2 \cdot n_2 \tag{4-166}$$

$$dV_{p01} = A_{01} \cdot dL \tag{4-167}$$

$$dV_{p02} = A_{02} \cdot dL \tag{4-168}$$

$$V_{p02} = \int_0^L A_{02} dL = A_{02} \cdot L \tag{4-169}$$

$$V_{p01} = \int_0^L A_{01} dL = A_{01} \cdot L \tag{4-170}$$

$$q_{vt} = z_1 \cdot n_1 \cdot A_{01} \cdot L + z_2 \cdot n_2 \cdot A_{02} \cdot L = z_1 \cdot n_1 \cdot L \cdot D_0^2 \cdot \left[(A_{01} + A_{02})/D_0^2 \right] \tag{4-171}$$

$$C_n = \frac{z_1(A_{01} + A_{02})}{D_0^2} \tag{4-172}$$

$$q_{vt} = C_n \cdot C_\Phi \cdot n_1 \cdot L \cdot D_0^2 \tag{4-173}$$

实际输气量为：

$$q_{va} = q_{vt} \cdot \eta_v \tag{4-174}$$

容积效率η_v经验计算公式为：

$$\eta_v = 0.959 - 0.00642 \frac{P_{con}}{P_{eva}} \tag{4-175}$$

等熵效率η_{is}经验计算公式为：

$$\eta_{is} = 0.874 - 0.0135 \frac{P_{com}}{P_{eva}} \tag{4-176}$$

压缩机制冷工质质量流量m_r计算公式为：

$$m_r = \frac{q_{va}}{\nu_{eva,out}} \tag{4-177}$$

② 涡旋式压缩机[19-21,23]。

涡旋体基圆面积计算公式为：

$$dA \approx \frac{1}{2}(r \cdot \phi)^2 d\phi \tag{4-178}$$

式中：r——基圆半径，m；

ϕ——渐开角。

渐开线与基圆所围面积计算公式为：

$$A=\int_0^\phi \frac{1}{2}\,(r\cdot\phi)^2\,\mathrm{d}\phi=\frac{1}{6}\,r^2\cdot\phi^3 \tag{4-179}$$

$$V_j=2\,A_j\cdot h=\pi\cdot\omega\cdot(\omega-2\delta)\cdot\left(2j-1-\frac{\theta}{\pi}\right)\cdot l\quad(j=2,\,3,\,\cdots,\,n) \tag{4-180}$$

式中：ω——涡旋体节距，m；

δ——涡旋体壁厚，m；

n——压缩腔对数；

l 涡旋体高，m。

当动涡旋体转角 $\theta=0$、$j=n$ 时，最外圈压缩室容积定义为吸气容积，其定义式如下：

$$V_s=\pi\cdot\omega\cdot(\omega-2\delta)\cdot(2n-1)\cdot l \tag{4-181}$$

$$q_{vt}=60n\cdot\pi\cdot\omega(\omega-2\delta)\cdot(2n-1)\cdot l \tag{4-182}$$

涡旋式压缩机制冷工质质量流量 m_r 计算公式为：

$$m_r=q_{va}/\nu_{eva,out} \tag{4-183}$$

$$q_{va}=q_{vt}\cdot\eta_v \tag{4-184}$$

涡旋式压缩机容积效率 η_v 计算公式为：

$$\eta_v=\varepsilon_v\cdot\varepsilon_p\cdot\varepsilon_T\cdot\varepsilon_l \tag{4-185}$$

式中：ε_v——容积系数，可近似取 1；

ε_p——压力系数，可近似取 1；

ε_T——温度系数；

ε_l——泄漏系数，可近似取 0.95 以上。

涡旋式压缩机的理论功率 N_{ts} 计算公式为：

$$N_{ts}=m_r(h_{r,con,in}-h_{r,eva,out}) \tag{4-186}$$

式中：$h_{r,eva,out}$——涡旋式压缩机吸气口的制冷工质比焓，kJ/kg；

$h_{r,con,in}$——涡旋式压缩机排气口的制冷工质比焓，kJ/kg。

涡旋式压缩机电功率 N_{el} 计算公式为：

$$N_{el}=N_{ts}/\eta_{el} \tag{4-187}$$

涡旋式压缩机电效率计算公式为：

$$\eta_{el}=\eta_i\cdot\eta_m\cdot\eta_{mo} \tag{4-188}$$

式中：η_i——涡旋式压缩机指示效率；

η_m——涡旋式压缩机机械效率；

η_{mo}——涡旋式压缩机电动机效率。

③ 离心式压缩机[19-21,24]。

离心式压缩机的制冷工质容积流量计算公式为：

$$V_r = \frac{A_2}{u_2} \cdot \tan\beta \cdot \left[\frac{k}{k-1} p_{con} \cdot v_2 \cdot \left(\Psi^{\frac{(k-1)}{k}} - 1 \right) - u_2^2 \right] \tag{4-189}$$

式中：ρ_2——叶轮出口制冷工质密度，$\mathrm{kg/m^3}$；

$\quad\quad u_2$——叶轮出口圆周速度，$\mathrm{m/s}$；

$\quad\quad A_2$——叶轮出口面积，$\mathrm{m^2}$；

$\quad\quad v_2$——叶轮出口比容，$\mathrm{m^3/kg}$；

$\quad\quad k$——绝热指数；

$\quad\quad \beta$——叶片角度，°；

$\quad\quad \Psi$——压比，$\Psi = p_{con}/(\delta \cdot p_{eva})$。

$$m_r = R_m \cdot m_{r,\max} \tag{4-190}$$

$$m_{r,\max} = \frac{V_r}{v_2} \cdot \Psi_2^{1/k} \tag{4-191}$$

$$\Psi = \left[1 + \frac{k-1}{2k} \cdot \frac{1}{p_{con} \cdot v_2} \left(u_2^2 - \frac{V_r^2}{A_2^2 \cdot (\sin\beta)^2} \right) \right]^{k/(k-1)} \tag{4-192}$$

$$R_m = 0.0704 \left(Q_{eva}/Q_{eva,p} \right)^2 + 0.931 \left(Q_{eva}/Q_{eva,p} \right) + 0.00006 \tag{4-193}$$

式中：Q_{eva}——额定负荷，W；

$\quad\quad Q_{eva,p}$——部分负荷，W。

离心式压缩机实际功率计算公式为：

$$N_{ca} = \frac{N_{cs}}{\eta_p \cdot \eta_m} \tag{4-194}$$

$$N_{cs} = m_r \cdot p_{con} \cdot v_2 \frac{k}{k-1} \left[\Psi^{(k-1)/k} - 1 \right] \tag{4-195}$$

$$\eta_p = 0.0057 + 1.537 \frac{Q_{eva}}{Q_{eva,p}} - 0.8131 \left(\frac{Q_{eva}}{Q_{eva,p}} \right)^2 \tag{4-196}$$

$$h_{r,com,out} = h_2 + \frac{N_{ca}}{m_r} \tag{4-197}$$

④ 活塞式压缩机。

压缩机制冷工质理论质量输气量 m_{r0} 计算表达式为：

$$m_{r0} = 0.7853 \rho_{r,in} \cdot j \cdot n \cdot l \cdot D \tag{4-198}$$

式中：m_{r0}——理论质量输气量，$\mathrm{kg/s}$；

$\quad\quad \rho_{r,in}$——压缩机入口制冷工质密度，$\mathrm{kg/m^3}$；

$\quad\quad j$——压缩机缸数；

$\quad\quad n$——压缩机转速，$\mathrm{r/min}$；

$\quad\quad l$——活塞行程，m；

$\quad\quad D$——气缸直径，m。

对于高压压缩机，容积效率 η_{vh} 经验计算公式为：

$$\eta_{vh} = 0.94 - 0.085 \left[\left(\frac{P_{r,out}}{\sqrt{P_{r,out} \cdot P_{r,in0}}} \right)^{1/k} - 1 \right] \tag{4-199}$$

式中：$P_{r,in0}$、$P_{r,out}$——压缩机吸气、排气压力，kPa；

k——压缩多变过程指数。

对于低压压缩机，容积效率经验计算公式为：

$$\eta_l = 0.94 - 0.085\left[\left(\frac{P_{r,out}}{P_{r,in0-1}}\right)^{1/k} - 1\right] \tag{4-200}$$

压缩机电功率 N 计算表达式为：

$$N = 2.78\eta_v \cdot \eta_i \cdot \eta_m \cdot \eta_e \cdot \eta_{el} \cdot m_{r0}(h_{r,out} - h_{r,in0}) \times 10^{-4} \tag{4-201}$$

式中：　N——压缩机电功率，W；

η_i——压缩机指示效率；

η_m——压缩机机械效率；

η_e——压缩机轴效率；

η_{el}——压缩机点效率；

$h_{r,in0}$、$h_{r,out}$——压缩机吸排气制冷工质焓，kJ/kg。

⑤ 滚动转子式压缩机。

压缩机理论输气量计算公式为：

$$m_{r0} = \frac{1}{60}\rho_{in0} \cdot n \cdot \pi \cdot (R^2 - r^2)l \tag{4-202}$$

式中：m_{r0}——压缩机理论质量输气量，kg/s；

n——压缩机转速，r/min；

R——气缸内圆半径，m；

r——转子半径，m；

l——转子长度，m；

ρ_{in0}——压缩机吸气制冷工质密度，kg/m³。

压缩机容积效率计算公式为：

$$\eta_v = \lambda_v \cdot \lambda_T \cdot \lambda_l \cdot \lambda_h \tag{4-203}$$

式中：λ_T——温度系数，当压比为 2～8 时，其值为 0.95～0.82；

λ_l——泄漏系数，0.82～0.92（$n = 3000$r/min）或 0.75～0.88（$n = 1500$r/min）；

λ_h——回流系数，约 0.9；

λ_v——容积系数。

$$\lambda_v = 1 - \phi \cdot \left[\left(\frac{P_{r,out}}{P_{r,in0}}\right)^{1/k} - 1\right] \tag{4-204}$$

式中：$P_{r,in0}$、$P_{r,out}$——压缩机吸气、排气压力，kPa；

k——等熵指数；

ϕ——余隙比。

压缩机电功率 N 计算表达式为：

$$N = 0.2778 m_r \cdot (h_{r,out} - h_{r,in0}) \cdot \eta_i \cdot \eta_m \cdot \eta_{el} \tag{4-205}$$

式中：$h_{r,in0}$、$h_{r,out}$——压缩机吸排气制冷工质焓值，kJ/kg；

η_m——机械效率，一般取 0.75～0.85；

η_{el}——电机效率，一般取 0.78；

η_i——指示效率。

$$\eta_i = \frac{\lambda_T \lambda_l \dfrac{k}{k-1}(\varepsilon^{\frac{k-1}{k}}-1)}{\dfrac{z}{z-1}(\varepsilon^{\frac{z-1}{z}}-1)} \tag{4-206}$$

式中：z——多变压缩过程指数。

（2）冷凝器。冷凝器又分为管壳式冷凝器和板式冷凝器。

① 管壳式冷凝器。

$$Q_{con} = U_{con} \cdot A_{con} \cdot \Delta t_{m,con} \tag{4-207}$$

$$\Delta t_{m,con} = \frac{(t_{con}-t_{2w,in})-(t_{con}-t_{2w,out})}{\ln[(t_{con}-t_{2w,in})/(t_{con}-t_{2w,out})]} \tag{4-208}$$

$$U_{con} = \left[\frac{1}{k_{con}}+R_{out}+\frac{\delta_w}{\lambda_w}\cdot\frac{A_{out}}{A_{med}}+\left(R_{in}+\frac{1}{k_{2w}}\right)\frac{A_{out}}{A_{in}}\right]^{-1} \tag{4-209}$$

管内侧对流传热系数经验计算公式[8-11]为：

$$\frac{k_{2w}\cdot d_i}{\lambda_{2w}}=1.68\left[Re_{2w}\cdot Pr_{2w}\cdot\frac{d_i}{L}\right]^{0.5}\cdot Pr_{2w}^{1/3}\cdot\left(\frac{\mu_{2w}}{\mu_w}\right)^{0.14}\quad(Re\leqslant2100) \tag{4-210}$$

$$\frac{k_{2w}\cdot d_i}{\lambda_{2w}}=0.027\,Re_{2w}^{0.8}\cdot Pr_{2w}^{1/3}\cdot\left(\frac{\mu_b}{\mu_w}\right)^{0.14}\quad(Re>10000) \tag{4-211}$$

$$\frac{k_{2w}\cdot d_i}{\lambda_{2w}}=0.023\,Re_{2w}^{0.8}\cdot Pr_{2w}^{0.4}\cdot\left(\frac{\mu_b}{\mu_w}\right)^{0.14}\quad(2100<Re\leqslant10000) \tag{4-212}$$

单根光管管外侧凝结传热系数经验计算公式[8-11]为：

$$k_{con0}=0.725\left[\frac{(\lambda_l^3\cdot\rho_l^2\cdot g\cdot\gamma/\mu_l)}{(t_{con}-t_w)\cdot d_{out}}\right]^{0.25} \tag{4-213}$$

或

$$k_{con0}=0.65\left[\frac{(\lambda_l^3\cdot\rho_l^2\cdot g\cdot\gamma/\mu_l)}{q\cdot d_{out}}\right]^{1/3} \tag{4-214}$$

式中：d_{out}——换热管外径，m；

t_w——管壁温度，℃；

λ_l——冷凝液导热系数，W/（m·℃）；

μ_l——冷凝液动力粘度，N·s/m²；

ρ_l——冷凝液密度，kg/m³；

γ——制冷工质潜热，J/kg；

g——重力加速度，m/s²。

水平管束的冷凝传热系数经验计算公式[8-11]为：

$$k_{con}=n^{-0.25}\cdot k_{con0} \tag{4-215}$$

式中：n——水平管束在垂直方向的平均排数。

水平肋管外表面的冷凝传热系数经验计算公式为：

$$k_{con} = \varepsilon_f \cdot k_{con0} \qquad (4\text{-}216)$$

$$\varepsilon_f = 1.3\, \eta_f \cdot \frac{F_t}{F_0} \cdot \left(\frac{d_0}{\delta}\right)^{0.25} + \frac{F_p}{F_0} \qquad (4\text{-}217)$$

式中：ε_f——肋管修正系数；

$\quad\ \eta_f$——肋片效率；

$\quad\ d_0$——肋基外径，m；

$\quad\ \delta$——肋片当量高度，m；

$\quad\ F_t$——长肋管垂直部分面积，m^2；

$\quad\ F_p$——长肋管水平部分面积，m^2；

$\quad\ F_p$——长肋管总外表面积，m^2。

水平管内冷凝传热系数经验计算公式[8-11]为：

$$k_{con0} = 0.555 \left[\frac{(\lambda_l{}^3 \cdot \rho_l{}^2 \cdot g \cdot \gamma/\mu_l)}{(t_{con} - t_w) \cdot d_{in}}\right]^{0.25} \qquad (4\text{-}218)$$

或

$$k_{con0} = 0.455 \left[\frac{(\lambda_l{}^3 \cdot \rho_l{}^2 \cdot g \cdot \gamma/\mu_l)}{q \cdot d_{in}}\right]^{1/3} \qquad (4\text{-}219)$$

$$k_{con} = \varepsilon \cdot k_{con0} \qquad (4\text{-}220)$$

② 板式冷凝器[8-11]。

$$U_{con} = \left[\frac{1}{k_{con}} + R_{out} + \frac{\delta_w}{\lambda_w} + R_{in} + \frac{1}{k_{2w}}\right]^{-1} \qquad (4\text{-}221)$$

水侧换热准则关联式为：

$$Nu = 0.4225\, Re^{0.733} \cdot Pr^{1/3} \cdot \left(\frac{\mu_b}{\mu_w}\right)^{0.14} \qquad (4\text{-}222)$$

适用条件为：$400 < Re < 1100$，$2.8 < Pr < 4.5$。

层流状态下的常用换热准则关联式为：

$$Nu = C \cdot (Re \cdot Pr \cdot d_e/L)^{0.333} \cdot Pr^{0.33} \cdot \left(\frac{\mu_b}{\mu_w}\right)^{0.14} \qquad (4\text{-}223)$$

冷凝侧换热准则关联式为：

$$Nu = 4.118 \cdot Re_{eq}^{0.4} \cdot Pr^{1/3} \qquad (4\text{-}224)$$

$$Re_{eq} = \frac{m_{eq} \cdot d_e}{\mu_l} \qquad (4\text{-}225)$$

$$m_{eq} = m_r \left[(1-x) + x \left(\frac{\rho_l}{\rho_v}\right)^{0.5}\right] \qquad (4\text{-}226)$$

式中：x——制冷工质干度；

$\quad\ \rho_l$，ρ_v——制冷工质凝结液、蒸汽密度，kg/m^3。

（3）蒸发器。蒸发器可分为管壳式蒸发器和板式蒸发器。

① 管壳式蒸发器。

$$Q_{eva} = U_{eva} \cdot A_{eva} \cdot \Delta t_{m,eva} \tag{4-227}$$

$$\Delta t_{m,eva} = \frac{(t_{2w,in} - t_{eva}) - (t_{2w,out} - t_{eva})}{\ln\left[(t_{2w,in} - t_{eva}) - (t_{2w,out} - t_{eva})\right]} \tag{4-228}$$

$$U_{eva} = \left[\frac{1}{k_{eva}} + R_{out} + \frac{\delta_w}{\lambda_w} \cdot \frac{A_{out}}{A_{med}} + \left(R_{in} + \frac{1}{k_{1w}}\right)\frac{A_{out}}{A_{in}}\right]^{-1} \tag{4-229}$$

管内侧蒸发传热系数经验计算公式[8-11]为：

$$k = 0.023 \left[\frac{4m_r}{\pi \cdot d_{in}^2} \cdot \frac{(1-x) \cdot d_{in}}{\mu}\right]^{0.8} \frac{Pr^{0.4}}{d_{in}} \tag{4-230}$$

式中：m_r——制冷工质质量流量，kg/s；

管外侧蒸发传热系数经验计算公式[8-11]为：

$$k_{eva} = 0.62 \left[\frac{\gamma' \cdot g \cdot \rho_v (\rho_l - \rho_v) \cdot \lambda_v^3}{\mu \cdot d_{out} (t_w - t_{eva})}\right]^{0.25} \tag{4-231}$$

$$\gamma' = \gamma + 0.4\, c_{p,v} (t_w - t_{eva}) \tag{4-232}$$

一次热网循环水侧对流传热计算模型与水-水管壳式换热器的计算模型相同。

② 板式蒸发器。

$$U_{con} = \left[\frac{1}{k_{con}} + R_{out} + \frac{\delta_w}{\lambda_w} + R_{in} + \frac{1}{k_{2w}}\right]^{-1} \tag{4-233}$$

水侧换热准则关联式[10]为：

$$Nu = 0.4225\, Re^{0.733} \cdot Pr^{1/3} \cdot \left(\frac{\mu_b}{\mu_w}\right)^{0.14} \tag{4-234}$$

制冷工质蒸发侧换热准则关联式[10]为：

$$Nu = 1.926\, Pr_l^{1/3} \cdot Bo^{0.3} \cdot Re^{0.5}\left[(1-x) + x\left(\frac{\rho_l}{\rho_v}\right)^{0.5}\right] \tag{4-235}$$

$$Re = \frac{m_{eq} \cdot d_e}{\mu_l} \tag{4-236}$$

$$Bo = \frac{q_w}{m_{eq} \cdot \gamma} \tag{4-237}$$

$$m_{eq} = m_r\left[(1-x) + x\left(\frac{\rho_l}{\rho_v}\right)^{0.5}\right] \tag{4-238}$$

2）吸收式大温差换热机组[13-14]。

能量平衡方程为：

$$Q_{ahe} = m_{1w}(h_{1w,in} - h_{1w,out}) \tag{4-239}$$

$$Q_{ahe} = m_{2w}(h_{2w,out} - h_{2w,in}) \tag{4-240}$$

$$Q_{ahe} = Q_{whe} + Q_{eva} + Q_{gen} \tag{4-241}$$

$$Q_{gen} + Q_{eva} = Q_{abs} + Q_{con} \tag{4-242}$$

$$Q_{eva} = m_{1w}(h_{1w,eva,in} - h_{1w,out}) \tag{4-243}$$

$$Q_{gen} = m_{1w}(h_{1w,in} - h_{1w,gen,out}) \tag{4-244}$$

$$Q_{\mathrm{whe}} = m_{1\mathrm{w}} (h_{1\mathrm{w,gen,out}} - h_{1\mathrm{w,whe,out}}) \tag{4-245}$$

$$Q_{\mathrm{con}} = m_{2\mathrm{w,con}} (h_{2\mathrm{w,con,out}} - h_{2\mathrm{w,abs,out}}) \tag{4-246}$$

$$Q_{\mathrm{con}} = m_{\mathrm{r,w}} (h_{\mathrm{r,gen,out}} - h_{\mathrm{r,con,out}}) \tag{4-247}$$

$$m_{1\mathrm{w}} (h_{1\mathrm{w,in}} - h_{1\mathrm{w,whe,out}}) = m_{2\mathrm{w,whe}} (h_{2\mathrm{w,whe,out}} - h_{2\mathrm{w,in}}) \tag{4-248}$$

$$m_{2\mathrm{w}} = m_{2\mathrm{w,con}} + m_{2\mathrm{w,whe}} \tag{4-249}$$

$$Q_{\mathrm{eva}} = m_{\mathrm{r,w}} (h_{\mathrm{r,eva,out}} - h_{\mathrm{r,con,out}}) \tag{4-250}$$

$$Q_{\mathrm{abs}} = m_{2\mathrm{w,con}} (h_{2\mathrm{w,abs,out}} - h_{2\mathrm{w,in}}) \tag{4-251}$$

$$m_{\mathrm{sr}} X_{\mathrm{gen,out}} = m_{\mathrm{wr}} X_{\mathrm{abs,out}} \tag{4-252}$$

$$m_{\mathrm{sr}} + m_{\mathrm{r,w}} = m_{\mathrm{wi}} \tag{4-253}$$

发生器负荷为:

$$Q_{\mathrm{gen}} = U_{\mathrm{gen}} \cdot A_{\mathrm{gen}} \cdot \Delta t_{\mathrm{m,gen}} \tag{4-254}$$

$$\Delta t_{\mathrm{m,gen}} = (t_{1\mathrm{w,in}} - t_{\mathrm{gen,wr,s}}) - 0.35 (t_{\mathrm{gen,sr,out}} - t_{\mathrm{gen,wr,s}}) - 0.65 (t_{1\mathrm{w,in}} - t_{1\mathrm{w,gen,out}}) \tag{4-255}$$

$$U_{\mathrm{gen}} = \left[\frac{1}{k_{\mathrm{r,gen}}} + R_{\mathrm{out}} + \frac{\delta_{\mathrm{w}}}{\lambda_{\mathrm{w}}} \cdot \frac{A_{\mathrm{out}}}{A_{\mathrm{med}}} + \left(R_{\mathrm{in}} + \frac{1}{k_{1\mathrm{w,gen}}} \right) \frac{A_{\mathrm{out}}}{A_{\mathrm{in}}} \right]^{-1} \tag{4-256}$$

冷凝器负荷为:

$$Q_{\mathrm{con}} = U_{\mathrm{con}} \cdot A_{\mathrm{con}} \cdot \Delta t_{\mathrm{m,con}} \tag{4-257}$$

$$\Delta t_{\mathrm{m,con}} = (t_{\mathrm{con}} - t_{2\mathrm{w,con,out}}) - 0.65 (t_{2\mathrm{w,con,out}} - t_{2\mathrm{w,abs,out}}) \tag{4-258}$$

$$U_{\mathrm{con}} = \left[\frac{1}{k_{\mathrm{r,con}}} + R_{\mathrm{out}} + \frac{\delta_{\mathrm{w}}}{\lambda_{\mathrm{w}}} \cdot \frac{A_{\mathrm{out}}}{A_{\mathrm{med}}} + \left(R_{\mathrm{in}} + \frac{1}{k_{1\mathrm{w,con}}} \right) \frac{A_{\mathrm{out}}}{A_{\mathrm{in}}} \right]^{-1} \tag{4-259}$$

吸收器负荷为:

$$Q_{\mathrm{abs}} = U_{\mathrm{abs}} \cdot A_{\mathrm{abs}} \cdot \Delta t_{\mathrm{m,abs}} \tag{4-260}$$

$$\Delta t_{\mathrm{m,abs}} = (t_{\mathrm{abs,sr,s}} - t_{2\mathrm{w,abs,out}}) - 0.35 (t_{\mathrm{abs,sr,s}} - t_{\mathrm{abs,wr,out}}) - 0.65 (t_{2\mathrm{w,abs,out}} - t_{2\mathrm{w,in}}) \tag{4-261}$$

$$U_{\mathrm{abs}} = \left[\frac{1}{k_{\mathrm{r,abs}}} + R_{\mathrm{out}} + \frac{\delta_{\mathrm{w}}}{\lambda_{\mathrm{w}}} \cdot \frac{A_{\mathrm{out}}}{A_{\mathrm{med}}} + \left(R_{\mathrm{in}} + \frac{1}{k_{2\mathrm{w,abs}}} \right) \frac{A_{\mathrm{out}}}{A_{\mathrm{in}}} \right]^{-1} \tag{4-262}$$

蒸发器负荷为:

$$Q_{\mathrm{eva}} = U_{\mathrm{eva}} \cdot A_{\mathrm{eva}} \cdot \Delta t_{\mathrm{m,eva}} \tag{4-263}$$

$$\Delta t_{\mathrm{m,eva}} = (t_{1\mathrm{w,whe,out}} - t_{\mathrm{eva}}) - 0.65 (t_{1\mathrm{w,whe,out}} - t_{1\mathrm{w,out}}) \tag{4-264}$$

$$U_{\mathrm{eva}} = \left[\frac{1}{k_{\mathrm{r,eva}}} + R_{\mathrm{out}} + \frac{\delta_{\mathrm{w}}}{\lambda_{\mathrm{w}}} \cdot \frac{A_{\mathrm{out}}}{A_{\mathrm{med}}} + \left(R_{\mathrm{in}} + \frac{1}{k_{1\mathrm{w,eva}}} \right) \frac{A_{\mathrm{out}}}{A_{\mathrm{in}}} \right]^{-1} \tag{4-265}$$

水-水换热器负荷为:

$$Q_{\mathrm{whe}} = U_{\mathrm{whe}} \cdot A_{\mathrm{whe}} \cdot \Delta t_{\mathrm{m,whe}} \tag{4-266}$$

$$\Delta t_{\mathrm{m,whe}} = \frac{(t_{1\mathrm{w,gen,out}} - t_{2\mathrm{w,whe,out}}) - (t_{1\mathrm{w,whe,out}} - t_{2\mathrm{w,in}})}{\ln [(t_{1\mathrm{w,gen,out}} - t_{2\mathrm{w,whe,out}}) / (t_{1\mathrm{w,whe,out}} - t_{2\mathrm{w,in}})]} \tag{4-267}$$

热水型溴化锂吸收式制冷机制冷性能系数计算公式为:

$$COP = \frac{Q_{eva}}{Q_{gen}} \tag{4-268}$$

$$m_{2w} \cdot h_{2w,out} = m_{2w,con} \cdot h_{2w,con,out} + m_{2w,whe} \cdot h_{2w,whe,out} \tag{4-269}$$

对于吸收式大温差换热机组,发生器、吸收器、蒸发器以及水-水换热器的传热计算模型与溴化锂吸收式制冷机各个部件的相同。

3) 喷射式大温差换热机组[7,25-26]。

能量平衡方程为:

$$Q_{ehe} = m_{1w}(h_{1w,in} - h_{1w,out}) \tag{4-270}$$

$$Q_{ehe} = m_{2w}(h_{2w,out} - h_{2w,in}) \tag{4-271}$$

$$Q_{ehe} = Q_{whe} + Q_{eva} + Q_{gen} \tag{4-272}$$

$$Q_{gen} + Q_{eva} = N_{rp} + Q_{con} \tag{4-273}$$

$$Q_{eva} = m_{1w}(h_{1w,eva,in} - h_{1w,out}) \tag{4-274}$$

$$Q_{gen} = m_{1w}(h_{1w,in} - h_{1w,gen,out}) \tag{4-275}$$

$$Q_{gen} = m_{r,gen}(h_{r,gen,out} - h_{r,con,out}) \tag{4-276}$$

$$Q_{whe} = m_{1w}(h_{1w,gen,out} - h_{1w,whe,out}) \tag{4-277}$$

$$Q_{con} = m_{2w,con}(h_{2w,con,out} - h_{2w,in}) \tag{4-278}$$

$$Q_{con} = m_{r,con}(h_{r,com,out} - h_{r,con,out}) \tag{4-279}$$

$$m_{1w}(h_{1w,in} - h_{1w,whe,out}) = m_{2w,whe}(h_{2w,whe,out} - h_{2w,in}) \tag{4-280}$$

$$m_{2w} = m_{2w,con} + m_{2w,whe} \tag{4-281}$$

$$Q_{eva} = m_{r,eva}(h_{r,eva,out} - h_{r,con,out}) \tag{4-282}$$

$$m_{2w} \cdot h_{2w,out} = m_{2w,con} \cdot h_{2w,con,out} + m_{2w,whe} \cdot h_{2w,whe,out} \tag{4-283}$$

发生器负荷Q_{gen}为:

$$Q_{gen} = U_{gen} \cdot A_{gen} \cdot \Delta t_{m,gen} \tag{4-284}$$

$$\Delta t_{m,gen} = \frac{(t_{1w,in} - t_{gen}) - (t_{1w,gen,out} - t_{gen})}{\ln[(t_{1w,in} - t_{gen})/(t_{1w,gen,out} - t_{gen})]} \tag{4-285}$$

冷凝器负荷Q_{con}为:

$$Q_{con} = U_{con} \cdot A_{con} \cdot \Delta t_{m,con} \tag{4-286}$$

$$\Delta t_{m,con} = \frac{(t_{con} - t_{2w,in}) - (t_{con} - t_{2w,con,out})}{\ln[(t_{con} - t_{2w,in})/(t_{con} - t_{2w,con,out})]} \tag{4-287}$$

蒸发器负荷Q_{eva}为:

$$Q_{eva} = U_{eva} \cdot A_{eva} \cdot \Delta t_{m,eva} \tag{4-288}$$

$$\Delta t_{m,eva} = \frac{(t_{1w,whe,out} - t_{eva}) - (t_{1w,out} - t_{eva})}{\ln[(t_{1w,whe,out} - t_{eva})/(t_{1w,out} - t_{eva})]} \tag{4-289}$$

水-水换热器负荷Q_{whe}为:

$$Q_{whe} = U_{whe} \cdot A_{whe} \cdot \Delta t_{m,whe} \tag{4-290}$$

$$\Delta t_{\mathrm{m,whe}} = \frac{(t_{\mathrm{1w,gen,out}} - t_{\mathrm{2w,whe,out}}) - (t_{\mathrm{1w,whe,out}} - t_{\mathrm{2w,in}})}{\ln\left[(t_{\mathrm{1w,gen,out}} - t_{\mathrm{2w,whe,out}})/(t_{\mathrm{1w,whe,out}} - t_{\mathrm{2w,in}})\right]} \quad (4\text{-}291)$$

喷射器引射比 R_{u} 为：

$$R_{\mathrm{u}} = \frac{m_{\mathrm{r,eva}}}{m_{\mathrm{r,gen}}} \quad (4\text{-}292)$$

喷射器结构示意如图 4-10 所示。

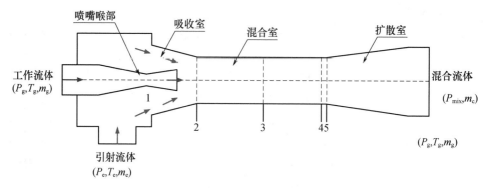

图 4-10　喷射器结构

为了简化喷射器模型，通常做如下设定：

① 工作流体和引射流体均处于饱和状态，为绝热过程，忽略初始速度。

② 喷嘴效率（η_{n}）、混合效率（η_{m}）和扩散效率（η_{d}），分别为 0.92、0.89、0.88。

③ 喷射器内的制冷工质为一维稳定流动。

喷嘴出口处（截面 2）工作流体马赫数如下：

$$m_{\mathrm{r,gen2}} = \sqrt{\frac{2\,\eta_{\mathrm{n}}}{k_{\mathrm{gen}} - 1}\left[\left(\frac{p_{\mathrm{gen}}}{p_2}\right)^{(k_{\mathrm{gen}} - 1)/k_{\mathrm{gen}}} - 1\right]} \quad (4\text{-}293)$$

式中：η_{n}——喷嘴等熵效率。

喷嘴出口处（截面 2）引射流体马赫数如下：

$$m_{\mathrm{r,eva2}} = \sqrt{\frac{2}{k_{\mathrm{gen}} - 1}\left[\left(\frac{p_{\mathrm{eva}}}{p_2}\right)^{(k_{\mathrm{gen}} - 1)/k_{\mathrm{gen}}} - 1\right]} \quad (4\text{-}294)$$

临界马赫数 Ma^* 与实际马赫数 Ma 关系如下：

$$Ma^* = \sqrt{\frac{Ma^2(k+1)}{Ma^2(k-1) + 2}} \quad (4\text{-}295)$$

$$Ma_4^* = \frac{\eta_{\mathrm{m}} \cdot Ma_{\mathrm{gen2}}^* + R_{\mathrm{u}} \cdot Ma_{\mathrm{eva2}}^* \sqrt{T_{\mathrm{eva}}/T_{\mathrm{gen}}}}{\sqrt{(1 + R_{\mathrm{u}})(1 + R_{\mathrm{u}} \cdot T_{\mathrm{eva}}/T_{\mathrm{gen}})}}$$

喷射器混合室内的混合流体绝热指数 k_{mix} 为：

$$k_{\mathrm{mix}} = (k_{\mathrm{gen}} + k_{\mathrm{eva}} + k_{\mathrm{dif}})/3 \quad (4\text{-}296)$$

式中：k_{dif}——喷射器扩散室出口的绝热指数。

混合流体在截面 4 处临界马赫数为：

$$Ma_4^* = \frac{\eta_m \cdot Ma_{gen2}^* + R_u \cdot Ma_{eva2}^* \sqrt{T_{eva}/T_{gen}}}{\sqrt{(1+R_u)(1+R_u \cdot T_{eva}/T_{gen})}} \tag{4-297}$$

$$Ma_5 = \sqrt{\frac{Ma_4^2 + 2/(k_{mix}-1)}{2\,Ma_4^2 \cdot \dfrac{k_{mix}}{(k_{mix}-1)} - 1}} \tag{4-298}$$

混合流体激波后压力为：

$$p_5 = p_4 \left(\frac{1+k_{mix} \cdot Ma_4^2}{1+k_{mix} \cdot Ma_5^2} \right) \tag{4-299}$$

截面 2、截面 3、截面 4 处压力相等，即：

$$p_2 = p_3 = p_4 \tag{4-300}$$

混合流体在喷射器出口的压力为：

$$p_{mix} = p_5 \left[\frac{\eta_d (k_{mix}-1)}{2} Ma_5 + 1 \right]^{k_{mix}/(k_{mix}-1)} \tag{4-301}$$

$$m_{r,gen} \cdot h_{r,gen,out} + m_{r,eva} \cdot h_{r,eva,out} = m_{r,con} \cdot h_{r,con,out} \tag{4-302}$$

喷射器的质量守恒方程为：

$$m_{r,gen} + m_{r,eva} = m_{r,con} \tag{4-303}$$

喷嘴喉部面积为：

$$A_{mix} = \frac{m_{r,gen}}{p_{gen}} \sqrt{\frac{R \cdot T_{gen}}{k_{gen} \cdot \eta_n} \left(\frac{k_{gen}+1}{2} \right)^{(k_{gen}+1)/(k_{gen}-1)}} \tag{4-304}$$

$$\frac{A_{no}}{A_{nt}} = \sqrt{\frac{1}{Ma_{gen2}^2} \left[\frac{2}{k_{eva}+1} \left(1 + \frac{k_{eva}-1}{2} Ma_{gen2}^2 \right) \right]^{(k_{eva}+1)/(k_{eva}-1)}} \tag{4-305}$$

$$\frac{A_{nt}}{A_{mix}} = \frac{P_{mix}}{p_{gen}} \cdot \sqrt{\frac{1}{(1+R_u)\left(1+R_u \cdot T_{eva}/T_{gen}\right)}} \cdot \frac{\left(\dfrac{p_2}{p_{mix}}\right)^{1/k_{mix}} \cdot \sqrt{1-\left(\dfrac{p_2}{p_{mix}}\right)^{(k_{mix}-1)/k_{mix}}}}{\left(\dfrac{2}{k_{mix}+1}\right)^{\frac{1}{k_{mix}}-1} \cdot \sqrt{1-\left(\dfrac{2}{k_{mix}+1}\right)^{\frac{1}{k_{mix}}-1}}}$$

$$\tag{4-306}$$

$$R_u = \frac{\sqrt{2\,\eta_{pn}(h_{r,gen,out}-h_{r,mix,in})} - \sqrt{2(h_{r,con,in}-h_{r,mix,eje,out})/(\eta_{df}/\eta_{mix})}}{\sqrt{2(h_{r,con,in}-h_{r,mix,eje,out})/(\eta_{df}/\eta_{mix})} - \sqrt{2(h_{r,eva,out}-h_{r,noz,out})}}$$

$$\tag{4-307}$$

对于喷射式大温差换热机组，冷凝器、蒸发器以及水-水换热器的传热计算模型与压缩式大温差换热机组各个部件的相同，其中发生器的传热计算模型与蒸发器的类似。

热源站供热负荷与中继能源站供热负荷之和等于管网热损失与热力站供热负

荷之和。

$$Q_{hs}(t_a) + Q_{res}(t_a) = \sum Q_{hl,j} + \sum Q_{hss,j}(t_a) \tag{4-308}$$

式中：$Q_{hl,j}$——第 j 段管线热损失，约为供热负荷 5%；

  $Q_{hs}(t_a)$——某室外气温 t_a 下的热源站供热负荷，W；

  $Q_{res}(t_a)$——某室外气温 t_a 下的中继热源站供热负荷，W；

  $Q_{hss,j}(t_a)$——某室外气温 t_a 下的第 j 个热力站供热负荷，W。

 5. 集中供热系统

 能量平衡方程为：

$$\left[Q_{ge}(t_a) + Q_{ng}(t_a) + Q_{st}(t_a)\right] + N_{ee}(t_a) = Q_{hl}(t_a) + \sum Q_{hss,j}(t_a) \tag{4-309}$$

式中：$Q_{ge}(t_a)$——某室外气温 t_a 下的地热能输入负荷，W；

  $Q_{ng}(t_a)$——某室外气温 t_a 下的天然气输入负荷，W；

  $Q_{st}(t_a)$——某室外气温 t_a 下的水蒸气输入负荷，W；

  $N_{ee}(t_a)$——某室外气温 t_a 下的电力输入负荷，W；

  $Q_{hl}(t_a)$——某室外气温 t_a 下的管线热损失，约为供热负荷 5%；

  $Q_{hss}(t_a)$——某室外气温 t_a 下的热力站供热负荷，W。

 地热能输入负荷为：

$$Q_{ge}(t_a) = \sum m_{gw,j}(h_{gw,out,j} - h_{gw,in,j}) \tag{4-310}$$

式中：$m_{gw,j}$——第 j 口采水井采水量，kg/s；

  $h_{gw,out,j}$——第 j 口采水井地热水出口焓，kJ/kg；

  $h_{gw,in,j}$——第 j 口回灌井地热水入口焓，kJ/kg。

 集中供热系统在整个采暖季中所开发利用的地热能总量 Q_{ge} 为：

$$Q_{ge} = \int_{t_{st}}^{t_{en}} Q_{ge}(t_a)\,d\tau(t_a) \tag{4-311}$$

式中：t_{st}——开始采暖时的室外气温，℃；

  t_{en}——采暖结束时的室外气温，℃；

  $\tau(t_a)$——某室外气温 t_a 下的供暖时间，s。

 集中供热系统在整个采暖季中所消耗的天然气供热量 Q_{ng} 为：

$$Q_{ng} = \int_{t_{st}}^{t_{en}} \left[Q_{gb}(t_a) + Q_{ng,ahp}(t_a)\right] d\tau(t_a) \tag{4-312}$$

式中：$Q_{gb}(t_a)$——某室外气温 t_a 下燃气锅炉供热负荷，W；

  $Q_{ng,ahp}(t_a)$——某室外气温 t_a 下直燃型溴化锂吸收式热泵供热负荷，W。

 集中供热系统在整个采暖季中所消耗的蒸汽供热量 Q_{st} 为：

$$Q_{st} = \int_{t_{st}}^{t_{en}} \left[Q_{st,ahp}(t_a) + Q_{swhe}(t_a)\right] d\tau(t_a) \tag{4-313}$$

式中：$Q_{st,ahp}(t_a)$——某室外气温 t_a 下蒸汽型溴化锂吸收式热泵供热负荷，W；

  $Q_{swhe}(t_a)$——某室外气温 t_a 下汽-水换热器供热负荷，W。

 集中供热系统在整个采暖季中所消耗电能 N_{ee} 为：

$$N_{ee} = \int_{t_{st}}^{t_{en}} \left[N_{ee,gwp}(t_a) + N_{ee,wp}(t_a) + N_{ee,che}(t_a) \right] \mathrm{d}\tau(t_a) \qquad (4\text{-}314)$$

式中：$N_{ee,gwp}(t_a)$——某室外气温t_a下地热水泵电功率，W；

$N_{ee,wp}(t_a)$——某室外气温t_a下循环水泵电功率，W；

$N_{ee,che}(t_a)$——某室外气温t_a压缩式大温差换热机组电功率，W。

集中供热系统在整个采暖季中总能耗为：

$$Q_{dh} = Q_{ng} + Q_{st} + N_{ee} \qquad (4\text{-}315)$$

4.2.2 大温差集中供热系统优化设计评价指标

评价指标是分析工程技术方案可行性的重要依据，也是供热系统优化设计的重要依据。目前，水热型地热大温差集中供热系统的热力性能和经济效益是其系统优化设计的关键。

1. 热力性能评价指标

① 系统性能系数（system coefficient of performance，SCOP）。系统性能系数是指集中供热系统的供热负荷与折算电功率之比。其计算公式如下：

$$SCOP = \frac{Q_{dh}(t_a)}{N_{ee}(t_a) + N_{ee,z}(t_a)} \qquad (4\text{-}316)$$

式中：$N_{ee,z}(t_a)$——某室外气温t_a下供热抽汽或燃气按照国内平均发电效率折算为电功率，W；

$Q_{dh}(t_a)$——某室外气温t_a下供热负荷，W。

② 年系统性能系数（annual system coefficient of performance，ASCOP）。鉴于集中供热系统运行调节范围大，集中供热系统性能系数分布较复杂，难以直观表达其热力性能，无法从量的角度进行准确判断。年系统性能系数是指整个采暖季的供热总量与折算电耗总量之比。其计算公式如下：

$$ASCOP = \frac{\int Q_{dh}(t_a) \mathrm{d}\tau(t_a)}{\int \left[N_{ee}(t_a) + N_{ee,z}(t_a) \right] \mathrm{d}\tau(t_a)} \qquad (4\text{-}317)$$

系统性能系数和年系统性能系数可以从热力学第一定律的角度分析集中供热系统热力性能，为系统优化设计和高效运行提供指导。

③ 化石能源利用效率（utilization efficiency of fossil fuel，UEFF）。基于吸收式和喷射式换热的水热型地热大温差集中供热系统主要消耗的能源类型是天然气、煤炭或热电厂的低压抽汽，因此采用化石能源利用率作为评价指标更为直观。

化石能源利用效率是指集中供热系统的供热负荷与所折算的化石能源供热负荷之比。其计算公式如下：

$$UEFF = \frac{Q_{dh}(t_a)}{Q_{ng}(t_a) + Q_{ff,z}(t_a)} \qquad (4\text{-}318)$$

式中：$Q_{ff,z}(t_a)$——某室外气温t_a下供热抽汽或电能按照国内热电厂平均发电效率折算为煤的供热负荷，W；

　　　$Q_{ng}(t_a)$——某室外气温t_a下天然气供热负荷，W。

④ 年化石能源利用效率（annual utilization efficiency of fossil fuel，AUEFF）。年化石能源利用效率是指整个采暖季的供热总量与折算成化石能源消耗总量之比。其计算公式如下：

$$AUEFF = \frac{\int Q_{dh}(t_a) \cdot d\tau(t_a)}{\int \lceil Q_{ng}(t_a)+Q_{ff,z}(t_a)\rceil d\tau(t_a)} \tag{4-319}$$

化石能源利用效率和年化石能源利用效率可以从热力学第一定律的角度分析集中供热系统热力性能，也为系统优化设计及高效运行提供指导。

⑤ 产品㶲效率（product exergy efficiency，PEE）[27-28]。

$$e=[h-h_0]-T_0(s-s_0) \tag{4-320}$$

式中：T_0——环境条件下的基准温度，℃；

　　　h_0——环境条件下的基准比焓，J/kg；

　　　s_0——环境条件下的基准比熵，J/kg。

$$\sum Q_{cv,j}\left(1-\frac{T_0}{T}\right)+\sum Ex_j+\sum m_{in,j} \cdot e_{in,j}-\sum m_{out,j} \cdot e_{out,j}=\sum I_j \tag{4-321}$$

式中：$Q_{cv,j}$——控制体内的第j种热流，W；

$m_{in,j}$，$m_{out,j}$——第j种进出控制体的质量流，kg/s；

$e_{in,j}$，$e_{out,j}$——第j种进出控制体的比㶲流，W；

　　　I_j——第j种㶲流，W。

化学㶲e_{ch}计算公式为：

$$e_{ch}=\sum y_j \cdot e_j^0+R \cdot T_0 \sum y_j \ln y_j \tag{4-322}$$

式中：e_{ch}——烟气化学㶲，kJ/mol；

　　　y_j——第j种组分气体的摩尔分数；

　　　e_j^0——第j种组分气体在基准温度下的化学㶲，kJ/mol；

　　　R——摩尔气体常量，8.3145×10^{-3} kJ/（mol·K）；

　　　T_0——环境温度，K。

产品㶲效率是指热力站的二次供水㶲流与回水㶲流的差与供热系统输入能源的进、出口㶲流差与所消耗电功率之和的比值。其计算公式如下：

$$PEE=\frac{\sum[Ex_{j,2w,out}(t_a)-Ex_{j,2w,in}(t_a)]}{\sum[Ex_{j,gw,out}(t_a)-Ex_{j,gw,in}(t_a)]+Ex_{ng,in}(t_a)+Ex_{st,in}(t_a)+N_{ee}(t_a)} \tag{4-323}$$

式中：$Ex_{j,2w,out}(t_a)$、$Ex_{j,2w,in}(t_a)$——在某室外气温t_a下，第j个热力站的二次

供水、回水㶲流，W；

$Ex_{j,\mathrm{gw,out}}(t_{\mathrm a})$、$Ex_{j,\mathrm{gw,in}}(t_{\mathrm a})$——在某室外气温$t_{\mathrm a}$下，第$j$口地热井地热水进
出㶲流，W；

$Ex_{\mathrm{ng,in}}(t_{\mathrm a})$——在某室外气温$t_{\mathrm a}$下，天然气输入㶲流，W；

$Ex_{\mathrm{st,in}}(t_{\mathrm a})$——在某室外气温$t_{\mathrm a}$下，低压蒸汽输入㶲
流，W。

⑥ 年产品㶲效率（annual product exergy efficiency，APEE）。年产品㶲效
率是指在整个采暖季中，热力站的供水㶲流与回水㶲流的差与供热系统输入能源
进、出口㶲流差与所消耗电能之和的比值。其计算公式如下：

$$APEE = \frac{\int [Ex_{2\mathrm w,out}(t_{\mathrm a}) - Ex_{2\mathrm w,in}(t_{\mathrm a})]\mathrm d\tau(t_{\mathrm a})}{\int [Ex_{\mathrm{gw,out}}(t_{\mathrm a}) - Ex_{\mathrm{gw,in}}(t_{\mathrm a}) + Ex_{\mathrm{ng,in}}(t_{\mathrm a}) + Ex_{\mathrm{st,in}}(t_{\mathrm a}) + N_{\mathrm{ee}}(t_{\mathrm a})]\mathrm d\tau(t_{\mathrm a})}$$

$$(4\text{-}324)$$

产品㶲效率和年产品㶲效率从热力学第二定律角度来分析集中供热系统热力
性能，为供热系统优化设计及高效运行提供指导。

2. 主要经济性评价指标

集中供热工程技术方案实施可行性在很大程度上取决于集中供热经济效益，
而集中供热系统热力性能又在很大程度上影响集中供热系统经济效益。供热成
本、固定投资收益率和投资回收期是目前评价集中供热技术方案的常用指标。

供热成本包括能源成本和非能源成本。其中，非能源成本涵盖固定投资折旧
费、人工工资、维护费等；能源成本费涵盖电费、燃气费或热电厂低压蒸汽费。

供热成本、固定投资收益率以及投资回收期计算模型参见第3.1.3节。

4.2.3　大温差集中供热系统运行调节

集中供热运行调节具有实施容易、运行管理方便的特点，是当前主要的供热
调节方法。集中供热运行调节方法主要有量调节、质调节、分阶段改变流量的质
调节、间歇调节[18,29-30]。

质调节方式就是在热网循环水流量不变的条件下，采暖期供热系统通过改变
热网循环水温度来满足供热负荷需求的运行调节方式；量调节方式就是在保证热
网循环水温度不变的条件下，采暖期供热系统通过改变热网循环水流量来满足供
热负荷需求的运行调节方式；分阶段改变流量的质调节方式就是采暖期根据室外
温度高低分成几个阶段，室外温度较低时保持最大流量，而室外温度较高时保持
较小的流量，且在每一个阶段中均保持热网循环水流量不变，通过改变热网循环
水温度来满足供热负荷需求的运行调节方式；间歇调节方式就是在采暖期，供热
系统每天实施部分时段供热以满足热用户供热需求的运行调节方式。

在质调节方式下，热网及设备中的循环水流量和热网水力平衡较稳定，可确

保换热器、热泵等热力设备能量传递性能稳定，且易于实现热网自动化调节。

量调节以及分阶段变流量的质调节都将导致热网循环水流量发生变化，从而影响供热系统中的热力设备传热性能，可能导致热力站中的大温差换热机组性能衰减。对于水热型地热大温差集中供热系统，热网循环水流量相对较小，其电耗量也相对较小，此时变流量调节所带来的节能效果不明显。大温差换热机组、水-水换热器及热泵等热力设备性能对大温差集中供热系统运行能耗的影响较大，而循环水泵电耗对大温差集中供热系统运行能耗的影响相对较小。鉴于此，为保证大温差换热机组、换热器及热泵等热力设备传热性能及能效，水热型地热大温差集中供热系统宜采用质调节方式。

散热器能量平衡方程为：

$$Q_{ds} = Q_{he} = Q_{2w} \tag{4-325}$$

建筑物采暖设计热负荷Q_{ds}为：

$$Q_{ds} = lo_{ds} \cdot V_b \cdot (t_n - t_w) \tag{4-326}$$

对于末端散热设备负荷Q_{he}[18,29-30]，有：

$$Q_{he} = U \cdot A \cdot \left(\frac{t_{3w,su} + t_{3w,re}}{2} - t_n \right) = a \cdot A \cdot \left(\frac{t_{3w,su} + t_{3w,re}}{2} - t_n \right)^{1+b} \tag{4-327}$$

$$U = a \left(\frac{t_{3w,su} + t_{3w,re}}{2} - t_n \right)^{1+b} \tag{4-328}$$

式中：a、b——散热设备传热系数计算指数。

二次热网供热负荷Q_{2w}为：

$$Q_{2w} = 1.163 m_{2w} \cdot (t_{2w,su} - t_{2w,re}) \tag{4-329}$$

集中供热调节的相对负荷比$\overline{Q}$计算公式为：

$$\overline{Q} = \frac{t_n - t_w}{t_n - t'_w} \tag{4-330}$$

式中：t_n——采暖季室内设计温度，℃；

$\quad\quad t_w$——采暖季室外温度，℃；

$\quad\quad t'_w$——供热系统所在地采暖季室外计算温度，℃；

$t_{3w,su}$——散热器进口水温，℃；

$t_{3w,re}$——散热器出口水温，℃；

$t_{2w,su}$——二次热网供水温度，℃；

$t_{2w,re}$——二次热网回水温度，℃。

1. 无混合装置的直接连接热水供热系统[18,29-30]

对于直接连接热水供热系统，有：

$$t_{3w,su} = t_{2w,su} \tag{4-331}$$

$$t_{3w,re} = t_{2w,re} \tag{4-332}$$

集中供热系统在质调节时，根据公式（4-330）可以计算出不同室外温度时的相对负荷比。一次热网和二次热网的供水、回水温度计算公式如下：

$$t_{2w,sp} = t_n + 0.5(t'_{2w,su} + t'_{2w,re} - 2t_n)\overline{Q}^{1/(1+b)} + 0.5(t'_{2w,su} - t'_{2w,re})\overline{Q} \quad (4\text{-}333)$$

$$t_{2w,sp} = t_n + 0.5(t'_{2w,su} + t'_{2w,re} - 2t_n)\overline{Q}^{1/(1+b)} - 0.5(t'_{2w,su} - t'_{2w,re})\overline{Q} \quad (4\text{-}334)$$

式中：$t_{2w,su}$——二次热网供水温度，℃；

$t_{2w,re}$——二次热网回水温度，℃；

$t'_{2w,su}$——二次热网供水设计温度，℃；

$t'_{2w,re}$——二次热网回水设计温度，℃；

b——散热器传热系数U修正值，由散热器形式决定，其取值见表4-3。

表4-3　不同类型的散热设备传热系数公式指数[18]

散热设备种类及型号	散热面积（m²/片）	换热系数公式	指数 a	指数 b
TG0.28/5-3，长翼型	1.160	$U = a \cdot \Delta t^b$	1.743	0.2800
TZ2-5-5（M132型）	0.240	$U = a \cdot \Delta t^b$	2.426	0.2860
TZ4-6-5（四柱760型）	0.235	$U = a \cdot \Delta t^b$	2.503	0.2980
TZ4-6-5（四柱760型）	0.200	$U = a \cdot \Delta t^b$	3.663	0.1600
TZ2-5-5（二柱700型）	0.240	$U = a \cdot \Delta t^b$	2.020	0.2710
四柱813型	0.280	$U = a \cdot \Delta t^b$	2.237	0.3020
钢制柱式散热器600×120	0.150	$U = a \cdot \Delta t^b$	2.489	0.8069
钢制柱式散热器600×1000	2.750	$U = a \cdot \Delta t^b$	2.500	0.2390
单板520×1000	1.151	$U = a \cdot \Delta t^b$	3.530	0.2350
单板带对流片624×1000	5.550	$U = a \cdot \Delta t^b$	1.230	0.2160
闭式钢串片散热器150×80	3.150	$U = a \cdot \Delta t^b$	2.070	0.1400
闭式钢串片散热器240×100	5.720	$U = a \cdot \Delta t^b$	1.300	0.1800
闭式钢串片散热器500×90	7.440	$U = a \cdot \Delta t^b$	1.880	0.1100

2. 带混合装置的直接连接热水供热系统

二次热网供水温度$t_{2w,su}$为：

$$t_{2w,su} = t_n + \Delta t'_s \cdot \overline{Q}^{1/(1+b)} + (\Delta t'_w + 0.5\Delta t'_j)\overline{Q} \quad (4\text{-}335)$$

二次热网回水温度$t_{2w,re}$为：

$$t_{2w,re} = t_n + \Delta t'_s \cdot \overline{Q}^{1/(1+b)} - 0.5\Delta t'_j \cdot \overline{Q} \quad (4\text{-}336)$$

热用户末端散热器的设计平均计算温差$\Delta t'_s$为：

$$\Delta t'_s = 0.5(t'_{3w,su} - t'_{3w,re} - 2t_n) \quad (4\text{-}337)$$

二次热网与热用户供暖系统的设计供水温差$\Delta t'_w$为：

$$\Delta t'_w = t'_{2w,su} - t'_{3w,su} \quad (4\text{-}338)$$

热用户末端散热器的设计供回水温差$\Delta t'_j$为：

$$\Delta t'_j = t'_{3w,su} - t'_{3w,re} \quad (4\text{-}339)$$

式中：$t'_{2w,su}$——二次热网供水设计温度，℃；

$t'_{3w,su}$——末端热用户供水设计温度，℃；

$t'_{3w,re}$——末端热用户回水设计温度，℃。

对于特定的散热器，其传热系数 U 计算公式中的常数 b 取值参见表 4-3。

水热型地热大温差集中供热系统具有一次热网供回水温差大、流量小的特点，并结合当前二次热网水力以及热力平衡现状，宜采用质调节方式。

4.3 大温差集中供热系统优化设计原则

水热型地热大温差集中供热系统优化设计需要考虑以下几个方面[30]：

(1) 城市中、远期能源规划要求。供热系统优化设计既要满足近期热用户供热需求，又要考虑中期、远期供热发展，以满足集中供热工程项目所在地的城市供热工程规划要求。

(2) 供热参数多样化需求。目前，集中供热系统拥有很多热力站，不同热力站供热区域拥有不同年代的建筑物或同时拥有多个年代的建筑物，而不同年代建筑物所采用的散热器类型及供热温度参数通常是不同的。因此，二次热网供水温度需求是不同的。基于此，集中供热系统优化设计需要深入分析供热负荷分布特点，并在此分析基础上配置不同类型的能量传递与转换设备，以满足热用户多样化供热温度参数需求。

(3) 技术成熟度。集中供热系统各个子系统内的各种热力设备及其运行控制系统具有成熟的产品以及稳定性能，以满足采暖期间按需供热的运行调节需求。

(4) 供热安全性。集中供热系统应在分析既有热源特点及其负荷时空分布的基础上，制定多热源联合集中供热技术方案，以确保集中供热系统运行的可靠性、高效化，并尽可能利用既有的集中供热设施，提高可再生能源利用率以及中低温废热利用率。

(5) 节能环保性要求。集中供热系统环保性要求包括大气污染物排放标准以及地热水利用与排放标准，以满足国家及项目所在地政府所规定的各项环保政策法规及标准。

(6) 供热经济性。集中供热系统优化设计不仅需要满足节能环保性要求，而且还应具有较好的经济效益，如较低的供热成本、较高的固定投资收益率和较短的投资回收期。

(7) 前瞻性发展。集中供热领域随着时代的发展也将不断涌现出新技术、新工艺及新设备。因此，集中供热系统优化设计不仅要满足项目所在地城市能源规划要求，而且还要考虑国家能源发展战略以及未来高效供热热力设备发展趋势，为以后的集中供热系统提质增效改造预留接口以及建设空间。

参考文献

[1] 孙方田，杨昊原，付林，等. 基于压缩式换热的低温工业余热供热系统运行特性及应用 [J]. 太阳能学报，2018，39（6）：1495-1501.

[2] 杨昊原. 基于压缩式换热的工业余热供热系统优化配置 [D]. 北京：北京建筑大学，2018.

[3] SUN F T，ZHAO X Y，CHEN X，et al. New configurations of district heating system based on natural gas and deep geothermal energy for higher energy efficiency in northern China [J]. Applied Thermal Engineering，2019，151：439-450.

[4] SUN F T，CHENG L J，FU L，et al. New low temperature industrial waste heat district heating system based on natural gas fired boilers with absorption heat exchangers [J]. Applied Thermal Engineering，2017，125：1437-1445.

[5] 孙方田，程丽娇，付林，等. 基于吸收式换热的深层地热集中供热系统能效分析 [J]. 太阳能学报，2018，39（5）：1173-1178.

[6] 程丽娇. 基于吸收式换热的深层地热集中供热系统配置 [D]. 北京：北京建筑大学，2018.

[7] 陈旭. 基于喷射式换热的中深层地热集中供热系统优化配置及运行 [D]. 北京：北京建筑大学，2020.

[8] 杨世铭，陶文铨. 传热学 [M]. 4版. 北京：高等教育出版社，2006.

[9] 赵振南. 传热学 [M]. 2版. 北京：高等教育出版社，2008.

[10] T. Kuppan. 换热器设计手册 [M]. 钱颂文，廖景娱，邓先和，等，译. 北京：中国石化出版社，2003.

[11] YAN Y Y，LIO H C，et al. Condendation heat transfer and pressure drop ofrefrigerant R-134a in a plate heat exchanger [J]. Int. J. Heat and Mass Transfer，1999，42：993-1006.

[12] 高田秋一. 吸收式制冷机 [M]. 耿惠彬，戴永庆，郑玉清，译. 北京：机械工业出版社，1985.

[13] 吴业正，朱瑞琪，曹小林，等. 制冷原理及设备 [M]. 3版. 西安：西安交通大学出版社，2010.

[14] SUN F T，FU L，ZHANG S G，et al. New waste heat district heating system with combined heat and power based on absorption heat exchange cycle in China [J]. Applied Thermal Engineering，2012，37：136-144.

[15] SUN F T，ZHAO J Z，FU L，et al. New district heating system based on natural gas-fired boilers with absorption heat exchangers [J]. Energy，2017，138：405-418.

[16] 赵欣新，惠世恩. 燃油燃气锅炉 [M]. 西安：西安交通大学出版社，2000.

[17] 陆亚俊. 建筑冷热源 [M]. 北京：中国建筑工业出版社，2015.

[18] 贺平，孙刚，王飞，等. 供热工程 [M]. 5版. 北京：中国建筑工业出版社，2009.

[19] 杨昭，马一太. 制冷与热泵技术 [M]. 北京：中国电力出版社，2020.

[20] 吴业正，李红旗，张华. 制冷压缩机 [M]. 北京：机械工业出版社，2010.

［21］ HANLON P. Compressor handbook ［M］. New York, USA: McGraw-HillProfessional, 2001.

［22］ KRICHEL S, SAWODNY O. Dynamic modeling of compressors illustrated by an oil-flooded twin helical screw compressor ［J］. Mechatronics, 2011, 21 (1): 77-84.

［23］ BLUNIER B, CIRRINCIONE G, HERVÉ O, et al. A new analytical and dynamical model of a scroll compressor with experimental validation ［J］. International Journal of Refrigeration, 2009, 32 (5): 874-891.

［24］ JIANG W, KHAN J, DOUGAL R A. Dynamic centrifugal compressor model for system simulation ［J］. Journal of Power Sources, 2006, 158, (2): 1333-1343.

［25］ SUN F T, FU L, SUN J, et al. A new ejector heat exchanger based on an ejector heat pump and a water-to-water heat exchanger ［J］. Applied Energy, 2014, 121: 245-251.

［26］ 索科洛夫. 喷射器 ［M］. 黄秋云, 译. 北京: 科学出版社, 1977.

［27］ 沈维道, 童钧耕. 工程热力学 ［M］. 5 版. 北京: 高等教育出版社, 2016.

［28］ CLAUS BORGNAKKE, RICHARD E. Fundamental of thermodynamics 8th ［M］. Hoboken: John Wiley Sons lnc, 2013.

［29］ 石兆玉. 供热系统运行调节与控制 ［M］. 北京: 清华大学出版社, 1998.

［30］ 李善化, 康慧, 等. 集中供热设计手册 ［M］. 北京: 中国电力出版社, 1996.

5 水热型地热大温差集中供热模式适用性

为进一步说明三种水热型地热大温差集中供热模式特点及运行效果，本章结合案例从热力学和经济学角度进行分析评价，以进一步探讨各种大温差供热模式适用性，为其推广应用提供指导。

5.1 案例概况

5.1.1 区域发展定位

该供热案例所在地以国际一流的和谐宜居城市为建设目标，努力打造世界级城市群。因此，该区域树立创新、协调、绿色、开放、共享的发展理念，加快能源消费结构优化调整，拟大力开发可再生能源——地热能，构建以可再生能源为代表的现代绿色低碳能源体系，着力提升能源绿色发展水平，积极实施清洁能源供热工程，以持续提升大气环境质量，加快落实生态文明建设及大气污染防治任务，推动供热行业碳达峰、碳中和发展，有利于实现中国 2060 年碳中和目标。

5.1.2 地质条件

该区域位于华北陆地内，西部为太行山脉，北部为燕山山脉，山区多属中低山地形，具有西北高、东南低特点，自西北向东南分别为华北北缘隆起带、燕山裂陷带、华北凹陷盆地。其中，华北凹陷盆地内覆盖巨厚沉积物，为水热型地热资源的运移和聚集提供了良好的储热条件。

该地区主要热储为蓟县系迷雾山组白云岩，寒武系和奥陶系灰岩在盖层条件具备的情况下热储条件较好，形成了多个大型水热型地热田[1-2]。地热勘测数据表明，该区域蕴藏丰富的中低温水热型地热资源，具有巨大的开发利用潜力。

该区域地热资源属于沉积盆地型地热资源，地热水温分布在 $40 \sim 118.5℃$，地热水化学类型从北部山区至南部平原可以划分为 SO_4-Na 型、HCO_3-Na 和 Cl-Na型，其中多数属于 HCO_3-Na 及其过渡或混合类型，大多数地热水的溶解性总固体小于 $1.0g/L$[1]。

5.1.3 气象条件

该案例位于华北平原，其气候为典型的北温带半湿润大陆性季风气候。该区域属于中国建筑气候区中的寒冷区，夏季炎热多雨，春秋短促，冬季较长且寒冷干燥，其中1月平均气温为−10～0℃，极端最低气温在−20～−30℃。

室外气象参数[3-5]如下：

供暖室外计算温度：−7.6℃；

冬季室外平均风速：2.6m/s；

冬季最多风向：C、N；

冬季最多风向频率：19、12；

冬季室外大气压力：1021.7kPa；

日平均温度≤+5℃的天数：123天；

日平均温度≤+5℃的起止日期：11.12—03.14；

极端最低气温：−18.3℃；

室外平均温度：−0.7℃。

5.1.4 工程概况

案例供热面积为200万㎡，供热负荷为100MW；室内计算温度为18℃。水热型地热田远离城镇供热负荷区，需要长距离输送地热。该案例的一次管网拓扑示意如图5-1所示。

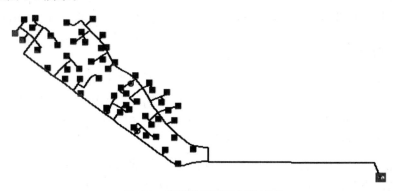

图 5-1　案例供热管网拓扑示意

本案例采用"三采两灌"方式进行布井，采水井（开采井）、回灌井的井口间距为500m。其中，采水井为直井，井深约2400m；回灌井为定向斜井，井垂直深度约2400m，全井轴线深度约2700m。地热田的单开采井出水量分布在80～120m³/h，出水温度分布在60～75℃。开采井和回灌井结构示意如图5-2所示。

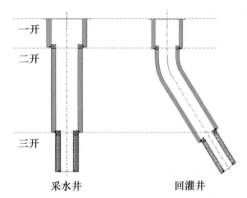

图 5-2 中深层地热开采井和回灌井结构示意

开采井和回灌井主要设计参数见表 5-1。

表 5-1 开采井和回灌井主要设计参数

开钻次序	采水井		回灌井	
	套管尺寸（mm）	套管下深（mm）	套管尺寸（mm）	套管下深（mm）
一开	339.7	0～400	339.7	0～400
二开	244.5	360～1800	244.5	360～1950
三开	177.8	1780～2400	177.8	1930～2700

5.1.5 供热负荷计算

供热负荷计算所采用的采暖室外计算温度是指历年平均不保证 5 天的日平均温度。根据许多城市历年的室外日平均气温资料，采用无因次综合公式 5-1 计算供暖期内室外温度分布[4-6]：

$$t_w = \begin{cases} t'_w & n \leqslant 5 \\ t'_w + (5 - t_{p,j})R_n^b & 5 < n \leqslant n_{zh} \end{cases} \qquad (5-1)$$

式中：$t_{p,j}$——供暖期室外日平均温度，℃；

R_n——无因次群，代表无因次延续天数，可由公式 5-2 计算。

$$R_n = \frac{n-5}{n_{zh}-5} \qquad (5-2)$$

式中：n_{zh}——供暖季总供热天数，天；

n——延续天数，即供暖期内室外日平均温度等于或低于某室外温度 t_w 的历年平均天数，天；

b——R_n 的指数值，可由公式（5-3）计算。

$$b = \frac{5 - \varepsilon \cdot t_{p,j}}{\varepsilon \cdot t_{(p),j} - t'_w} \qquad (5-3)$$

式中：ε——修正系数，可由公式 5-4 计算。

$$\varepsilon = \frac{n_{zh}}{n_{zh}-5} \qquad (5\text{-}4)$$

采暖平均热负荷$Q_{h,av}$计算公式为：

$$Q_{h,av} = Q_h \frac{t_{in}-t_{av}}{t_{in}-t_{oa}} \qquad (5\text{-}5)$$

式中：Q_h——采暖设计热负荷，W；

t_{in}——采暖室内设计温度，℃；

t_{av}——采暖期室外平均温度，℃；

t_{oa}——采暖期室外计算温度，℃。

全年采暖热耗量 Q_h 计算公式为：

$$Q_h = \int Q_{h,sv}(t_{oa})\,d\tau(t_{oa}) \qquad (5\text{-}6)$$

5.2 基于吸收式换热的水热型地热大温差集中供热

基于吸收式换热的水热型地热大温差集中供热系统在热源站中配置水-水板式换热器、直燃型溴化锂吸收式热泵机组、基础负荷燃气锅炉和调峰负荷燃气锅炉；在热力站中配置吸收式大温差换热机组。其供热系统流程示意如图 5-3 所示。

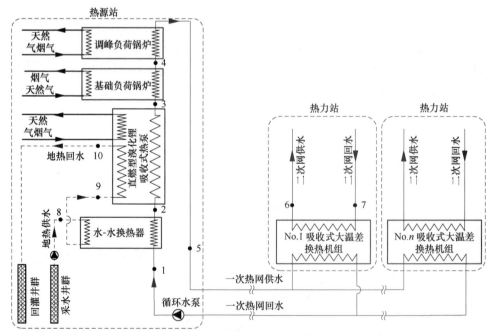

图 5-3 基于吸收式换热的水热型地热大温差集中供热系统[7-8]

一次热网运行原理为：首先，一次热网回水由循环水泵输送至热源站；其次，依次进入水-水换热器、直燃型溴化锂吸收式热泵机组、基础负荷燃气锅炉和调峰负荷燃气锅炉，被逐级加热升温后，作为一次热网供水；再次，经由一次热网供水管线被输配至各个热力站，并在吸收式大温差换热机组中放热降温；最后，降温后的一次热网回水返回一次热网回水管线，如此循环。在供热负荷需求由低至高的负荷调节需求下，热源站子系统依次投入运行直燃型溴化锂吸收式热泵机组、基础负荷燃气锅炉、调峰负荷燃气锅炉；反之则反。

地热水子系统运行原理为：首先，来自开采井群的地热水在潜水泵驱动下被输送至水-水换热器，作为加热热源，加热一次热网回水；其次，作为低温热源进入直燃型溴化锂吸收式热泵机组的蒸发器，进一步放热降温，实现梯级降温；最后，返回至回灌井群，在供热初末期，地热水循环量可根据按需供热需求进行调节，如此循环运行。

当供热系统处于最大供热负荷期，热源站中的水-水板式换热器、直燃型溴化锂吸收式热泵机组、基础负荷燃气锅炉和调峰负荷燃气锅炉串联运行，将一次热网供水逐步加热至所需供热温度；当室外温度逐渐升高时，供热系统处于较小负荷期，调峰负荷燃气锅炉供热负荷逐渐减小，直至停止运行，水-水板式换热器、直燃型溴化锂吸收式热泵机组、基础负荷燃气锅炉串联运行，将一次热网供水加热至供热需求温度；当室外温度继续升高时，供热负荷进一步减小，供热系统处于较小负荷期，调峰负荷燃气锅炉和基础负荷燃气锅炉均停止运行，水-水板式换热器、直燃型溴化锂吸收式热泵机组串联运行，将一次热网供水加热至供热需求温度；当室外温度进一步升高，供热系统处于低供热负荷期，调峰负荷燃气锅炉、基础负荷燃气锅炉和直燃型溴化锂吸收式热泵机组均停止运行，水-水板式换热器继续运行，将一次热网供水加热至供热需求温度。

该大温差集中供热系统的主要热力设计参数见表 5-2。

表 5-2　基于吸收式换热的水热型地热大温差集中供热系统主要热力设计参数

子系统	设备名称	项目	数值
热源站	水-水换热器	供热容量（W）	31575900
		进/出口温度（℃）	25/55
	直燃型溴化锂吸收式热泵	供热容量（W）	21050600
		进/出口温度（℃）	55/75
		COP（W/W）	0.57
	基础负荷燃气锅炉	供热容量（W）	26313200
		进/出口温度（℃）	75/100
	调峰负荷燃气锅炉	供热容量（W）	21050600
		进/出口温度（℃）	100/120

续表

子系统	设备名称	项目	数值
热源站	地热井	供热容量（W）	38943600
		进/出口温度（℃）	60/23
		质量流量（kg/s）	251.5
一次热网	循环水	供水温度（℃）	120
		回水温度（℃）	25
		质量流量（kg/s）	251.5
热力站	吸收式大温差换热机组	供热容量（W）	100000000
二次热网	循环水	供水温度（℃）	60
		回水温度（℃）	45
		质量流量（kg/s）	1593

该水热型地热大温差集中供热系统的一次热网和二次热网采取质调节方式。

基于吸收式换热的水热型地热大温差集中供热系统的一次热网和二次热网水温调节曲线如图 5-4 所示。

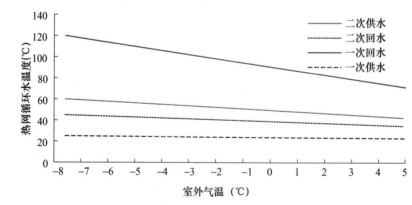

图 5-4　基于吸收式换热的水热型地热大温差集中供热系统水温调节曲线

一次、二次热网供回水温度均随着室外温度的升高而降低，其中一次热网回水温度远低于二次热网回水温度，且一次热网回水温度降幅较小，从而增大一次热网供回水温差，实施一次热网大温差输热，降低一次热网建设初投资及运行能耗，大幅度提高地热经济输送距离。

5.2.1 热力性能

集中供热系统通常从热力学第一定律和第二定律角度进行综合评价，为能源利用系统优化设计及高效运行提供指导。基于吸收式换热的水热型地热大温差集中系统的化石能源利用率在整个采暖期内的分布曲线如图 5-5 所示。

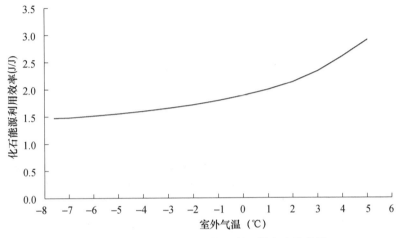

图 5-5　集中供热系统化石能源利用效率变化曲线

由图 5-5 分析可知，基于吸收式换热的水热型地热大温差集中供热系统的一次热网供水温度随着室外温度升高而下降，燃气锅炉供热负荷随之逐步减小，供热系统化石能源利用效率逐步增大，且增长率逐步增大。这间接说明了燃气锅炉和直燃型溴化锂吸收式热泵对该水热型地热大温差集中供热系统的化石能源利用率影响较大。但是，尖峰供热负荷燃气锅炉运行时间较短，该水热型地热大温差集中供热系统能耗结构主要取决于基础供热负荷运行时期的能效水平。相对燃气锅炉和直燃型溴化锂吸收式热泵机组，一次热网循环水泵电耗对该水热型地热大温差集中供热系统的化石能源消耗量的影响较弱。在整个采暖期内，该水热型地热大温差集中供热系统的化石能源利用率变化较大，但该结果难以直观表达出供热系统的综合能效水平。因此，该水热型地热大温差集中供热系统的化石能源利用率应从整个采暖期角度来分析其热力性能，也即年化石能源利用效率。

随着地热输送距离增长，一次热网循环水泵电耗量也逐步增大，进而影响该水热型地热大温差集中供热系统的年化石能源消耗量。循环水泵的电耗按照中国燃煤热力发电厂平均发电效率 30％来折算化石能源消耗量。

一次热网循环水泵电功率随着一次热网输热距离增长而增大，从而影响该水热型地热大温差集中供热系统的电耗量以及当量化石能源消耗量，进而影响该水热型地热大温差集中供热系统的年化石能源利用率。随着地热输送距离增大，该水热型地热大温差集中供热系统的年化石能源利用效率变化曲线如图 5-6 所示。

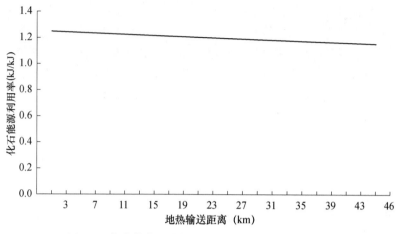

图 5-6　集中供热系统年化石能源利用效率变化曲线

　　由图 5-6 分析可知，地热输送距离对系统年化石能源利用效率影响较小，这也说明了大温差集中供热系统的一次热网循环水泵电耗所折算的化石能源消耗量相对较小。该水热型地热大温差集中供热系统的一次热网供回水温差大、循环水流量小，量调节方式所带来的节能效果较弱，且引起各个热力设备传热性能及热力性能衰减。由此可见，该水热型地热大温差集中供热系统在整个采暖期内宜采用质调节方式。

　　基于吸收式换热的水热型地热大温差集中供热系统产品㶲效率随室外温度的变化曲线如图 5-7 所示。

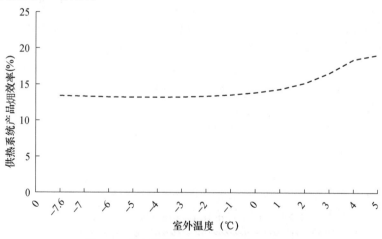

图 5-7　集中供热系统产品㶲效率变化曲线

　　随着室外温度升高，基于吸收式换热的水热型地热大温差集中供热系统产品㶲效率逐渐增大，这是由于燃气锅炉供热负荷逐渐下降，从而导致供热系统热力过程不可逆损失减小。这也间接说明，相对于直燃型溴化锂吸收式热泵机组，燃气锅炉的热力过程不可损失较大。当室外温度较高时，该水热型地热大温差集中供热系统的供热负荷主要来自地热，此时供热系统产品烟效率较高。这说明水热型地热能品位与热用户供暖所需热能品位较匹配，从而实现降低供热系统能量传递与转换热力过程的不可逆损失。

随地热输送距离增长，基于吸收式换热的水热型地热大温差集中供热系统年产品烟效率变化曲线如图 5-8 所示。

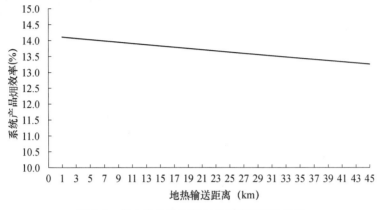

图 5-8 集中供热系统年产品烟效率变化曲线

由图 5-8 分析可知，循环水泵电功率随着地热输送距离增长而增大，从而导致该水热型地热大温差集中供热系统年产品烟效率逐渐降低。总体来看，该水热型地热大温差集中供热系统的年产品烟效率处于 13.5%～14.5%，较低。

5.2.2 节能环保效益

基于吸收式换热的水热型地热大温差集中供热系统延时负荷曲线及其负荷构成如图 5-9 所示。

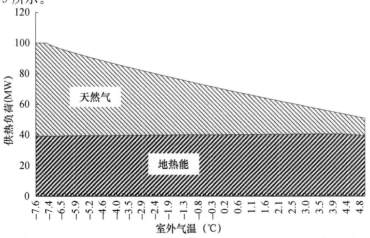

图 5-9 基于吸收式换热的水热型地热大温差集中供热系统延时负荷曲线

由图 5-9 分析可知，相对于常规燃气锅炉集中供热系统而言，基于吸收式换热的水热型地热大温差集中供热系统开发利用的水热型地热能约占供热系统全年供热总量的 53.9%，其中 81% 的地热能来自水-水换热器。鉴于低温一次热网回水，水-水换热器可被用于高效开发利用地热能。该水热型地热大温差集中供热系统的单位供热面积每年可节约天然气 $5.6Nm^3$，全年可节省天然气约 1110 万 Nm^3，相当于每年减少烟气排放量约 16016 万 Nm^3，降低二氧化碳（CO_2）排放量约 26210t，降低 NO_X 排放量约 9.6t。因此，开发水热型地热用于城镇建筑采暖可获得较好的节能环保效益。

由此可见，该水热型地热大温差集中供热系统的节能减排效果显著，并有助于解决天然气冬季供应不足的问题。

相对于煤炭，天然气价格较高，导致燃气锅炉供热成本较高。开发水热型地热能用于城镇建筑采暖有助于降低集中供热系统运行成本，提高集中供热系统经济效益。

5.2.3 经济效益

供热系统中的热力设备投资计算参照市场同类产品平均价格，安装、土建及其他费用计算参照《市政工程投资估算指标》（第八册集中供热热力网工程）[9]。基于吸收式换热的水热型地热大温差集中供热系统初投资及资金分布见表 5-3。

表 5-3 基于吸收式换热的水热型地热大温差集中供热系统投资

子系统	项目	地热大温差供热系统	燃气锅炉供热系统
热源站	设备费（万元）	19339.46	3571.42
	土建费（万元）	2900.92	535.72
	安装费（万元）	3867.90	714.28
	其他（万元）	2900.92	535.72
	合计（万元）	29009.20	5357.14
一次管网	设备费（万元）	876.96	1013.00
	土建费（万元）	2222.62	2222.62
	安装费（万元）	175.40	202.60
	其他（万元）	131.54	151.96
	合计（万元）	3406.52	3590.18
热力站	设备费（万元）	2500.00	1500.00
	土建费（万元）	375.00	225.00
	安装费（万元）	500.00	300.00
	其他（万元））	375.00	225.00
	合计（万元）	3750.00	2250.00
	总计（万元）	36165.72	11197.32

基于吸收式换热的水热型地热大温差集中供热系统供热成本结构如图 5-10
所示。

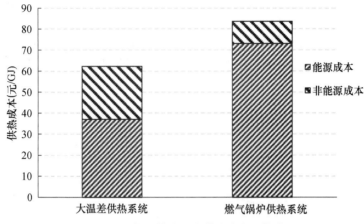

图 5-10 集中供热系统供热成本及构成

由图 5-10 分析可知,该水热型地热大温差集中供热系统由于地热井群钻探
费高而导致系统初投资较高。对于常规燃气锅炉集中供热系统而言,能源成本占
供热成本的 87%,供热成本以能源成本为主,而该水热型地热大温差集中供热
系统的能源成本仅占供热成本的 41%,由此可见,较高的地热井群初投资带来
较小的能源成本和较大的非能源成本。相对燃气锅炉集中供热系统的供热成本
(84 元/GJ),基于吸收式换热的水热型地热大温差集中供热系统的供热成本降低
约 25%。

较长的地热输送距离不仅使一次热网运行电耗增大,而且还使一次热网建设
初投资增大,从而提高了能源成本和非能源成本。基于吸收式换热的水热型地热
大温差集中供热系统的供热成本与地热输送距离的关系如图 5-11 所示。

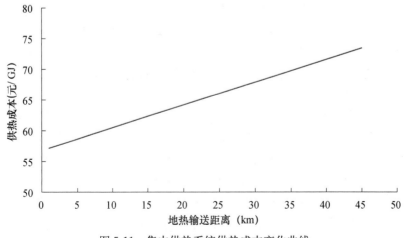

图 5-11 集中供热系统供热成本变化曲线

基于吸收式换热的水热型地热大温差集中供热系统的供热成本随着地热输送距离增长而快速升高，从而影响地热长距离输送的供热技术方案的可行性。

投资回收期是分析供热技术方案可行性的主要指标之一。一般来说，投资回收期越短，项目风险性越低，经济效益越好，且该经济性评价指标简单、直观、易于理解，因此通常用于项目可行性研究[10-11]。随着地热输送距离增加，基于吸收式换热的水热型地热大温差集中供热系统投资回收期变化曲线如图 5-12 所示。

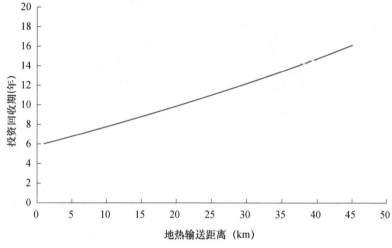

图 5-12　集中供热系统投资回收期变化曲线

由图 5-12 分析可知，基于吸收式换热的水热型地热大温差集中供热系统投资回收期随着地热输送距离增加而快速增大。由此可见，地热输送距离对该水热型地热大温差集中供热系统投资回收期的影响较大。以 10 年为基准投资回收期，在当前的价格体系和能源政策条件下，基于吸收式换热的水热型地热大温差集中供热系统的地热经济输送距离约 21km。

综上所述，基于吸收式换热的水热型地热大温差集中供热系统具有一次热网回水温度较低、供回水温差较大、热力性能较高、节能减排潜力较大、经济效益较好以及地热经济输送距离较远的特点，可解决远离城镇供热负荷区的水热型地热田的地热远距离输送成本较高的问题，有助于高效开发北方地区以及大气污染传输通道 "2+26" 城市的水热型地热资源（尤其是远离城镇的大型水热型地热田地热资源），降低冬季大气污染物排放量，推动北方城镇清洁供热发展。

然而，基于吸收式换热的水热型地热大温差集中供热系统的初投资较大，尤其是地热输送距离较远的大型水热型地热田地热资源开发。政府要推动地热清洁供热技术发展及应用，应制订和实施地热清洁供热激励政策及措施。因此，地方政府应结合当地的水热型地热资源禀赋、能源配置状况、供热设施建设情况以及经济发展水平制定相应的水热型地热集中供热工程财政激励细则[12]。

5.3　基于喷射式换热的水热型地热大温差集中供热

基于喷射式换热的水热型地热大温差集中供热系统主要由热源站、一次热网、热力站和二次热网构成。其中，热源站主要由地热井群、水-水换热器、烟气余热回收器、直燃型溴化锂吸收式热泵、基础负荷燃气锅炉和调峰负荷燃气锅炉构成；热力站主要由增效型喷射式大温差换热机组构成。该水热型地热大温差集中供热系统流程示意如图 5-13 所示。

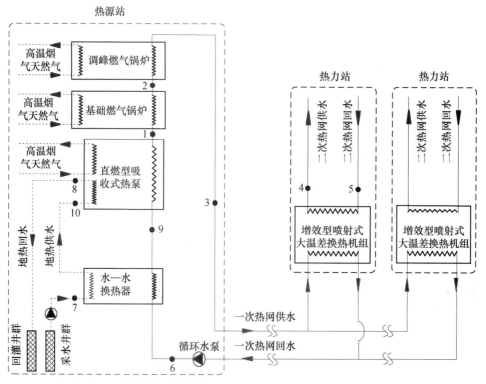

图 5-13　基于喷射式换热的水热型地热大温差集中供热系统示意[13]

一次热网运行原理为：一次热网回水首先分为两路，一路进入烟气余热回收器，冷却低温烟气以回收烟气余热，另一路进入水-水换热器被地热水加热升温，两路被加热升温后的一次热网循环水汇合；其次，一次热网循环水依次进入直燃型溴化锂吸收式热泵机组、基础负荷燃气锅炉和调峰负荷燃气锅炉，被逐级加热升温；再次，作为一次热网供水经由一次热网管线被输配至各个热力站；又次，一次热网供水进入各个热力站的增效型喷射式大温差换热机组，放热降温，并作为一次回水返回至一次热网回水管线；最后，一次热网回水经由一次热网管线返回至热源站，如此循环。

地热水工作原理为：首先，来自采水井群的地热水经由潜水泵输送至水-水换热器，放热降温；其次，进入直燃型溴化锂吸收式热泵机组的蒸发器，进一步放热降温；再次，降温后的地热水返回至回灌井群；最后，低温地热水在中深层岩层空隙或裂隙或溶洞与高温岩石进行换热，吸热升温，并在水压作用下汇流至开采井群，如此循环。遵循"按需供热"原则，地热水根据可持续供热能力和供热负荷运行调节需求，可相应调整地热水循环量。

通常，热用户供热负荷需求随着室外温度的升高而降低。供热系统按照"按需供热"原则将随着室外温度的升高而逐步降低供热负荷。当室外温度较低时，热用户供热负荷需求较高，热源站中的所有热力设备全部运行，最大程度上利用水热型地热能；随着室外温度升高，热用户供热负荷需求减小，调峰负荷燃气锅炉供热负荷逐渐减小直至停止运行，而其他热力设备继续运行；随着室外温度继续升高，热用户供热负荷需求进一步减小，基础负荷燃气锅炉和调峰负荷燃气锅炉逐渐降低负荷直至停止运行，而水-水换热器、烟气余热回收器和直燃型溴化锂吸收式热泵机组继续运行；当热用户供热负荷需求进一步减小时，直燃型溴化锂吸收式热泵机组供热负荷逐渐降低直至停机，此时仅依靠水-水换热器提供所需的供热负荷；若热用户供热负荷需求进一步降低，可相应地降低地热水流量以匹配水-水换热器供热负荷。

该水热型地热大温差集中供热系统的主要热力设计参数见表5-4。

表5-4 基于喷射式换热的水热型地热大温差集中供热系统热力设计参数[13]

子系统	设备	项目	数值
热源站	水-水换热器	供热负荷（kW）	49314
		一次水出口温度（℃）	80
	直燃型吸收式热泵	供热负荷（kW）	10172
		一次水出口温度（℃）	90
		COP（kW/kW）	0.47
	基础负荷燃气锅炉	供热负荷（kW）	13818
		一次水出口温度（℃）	105
	调峰负荷燃气锅炉	供热负荷（kW）	23200
		一次水出口温度（℃）	130
	地热水	供热负荷（kW）	47276
		进/出口温度（℃）	85/26
		质量流量（kg/s）	191.4
一次热网	一次热网循环水	供/回水温度（℃）	130/25
		质量流量（kg/s）	218.6
热力站	增效型喷射式大温差换热机组	供热负荷（kW）	100000
二次热网	二次热网循环水	供/回水温度（℃）	60/45
		质量流量（kg/s）	15929.91

该水热型地热大温差集中供热系统的一次热网和二次热网采取质调节方式。

基于喷射式换热的水热型地热大温差集中供热系统一次热网和二次热网水温调节曲线如图 5-14 所示。

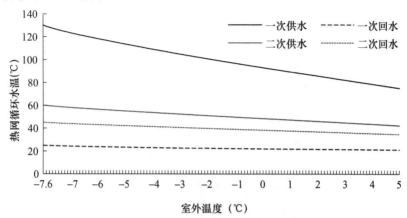

图 5-14　基于喷射式换热的水热型地热大温差集中供热系统水温调节曲线

由图 5-14 分析表明，基于喷射式换热的水热型地热大温差集中供热系统的一次、二次热网循环水温度均随着室外温度的升高而降低，其中一次热网回水温度降幅相对较小。其中，需要注意的是，该水热型地热大温差集中供热系统的一次热网回水温度远低于二次热网回水温度。

在冬季采暖期间，地热水回灌温度变化曲线如图 5-15 所示。

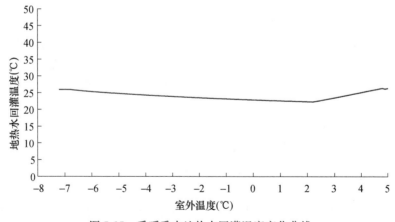

图 5-15　采暖季内地热水回灌温度变化曲线

随着室外温度升高，该水热型地热大温差集中供热系统的一次热网回水温度逐渐降低，水-水换热器和直燃型溴化锂吸收式热泵机组的供热负荷逐渐增大，所以地热水回水温度逐渐降低。随着室外温度升高，调峰负荷燃气锅炉和基础负荷燃气锅炉供热负荷逐渐减小直至停止运行，直燃型溴化锂吸收式热泵机组供热负荷逐渐降低，水热型地热能利用率减小，地热回水温度逐渐上升。

该水热型地热大温差集中供热系统的热源站热流分布如图 5-16 所示。

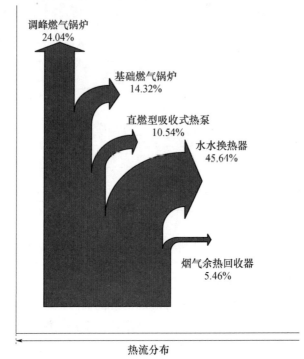

调峰燃气锅炉
24.04%

基础燃气锅炉
14.32%

直燃型吸收式热泵
10.54%

水水换热器
45.64%

烟气余热回收器
5.46%

热流分布

图 5-16　集中供热系统热源站热流分布

由 5-16 分析可知，水-水换热器是开发利用水热型地热能的主要热力设备，也是基础供热负荷的主要组成部分，但其实施的关键是拥有较低温度的一次热网回水。因此，大幅度降低一次热网回水温度是该水热型地热大温差集中供热系统实施的关键。其中，相对于燃气锅炉，直燃型溴化锂吸收式热泵机组大幅度降低天然气利用过程中的不可逆损失，具有较高的热力学性能和能效水平，可被用于进一步深度开发利用水热型地热资源。因此，直燃型溴化锂吸收式热泵机组是进一步优化能源站子系统配置的关键热力设备之一。

5.3.1　热力性能

由前述分析结果可知，随着室外温度升高，水热型地热大温差集中供热系统的天然气消耗量逐渐降低，从而对供热系统的化石能源利用效率产生一定的影响。地热能也属于一次能源，但其能量品位与天然气相差较大，故本节采用化石能源利用效率来表达水热型地热集中供热系统热力性能。随着室外温度升高，基于喷射式换热的水热型地热大温差集中供热系统的化石能源利用效率变化曲线如图 5-17 所示。

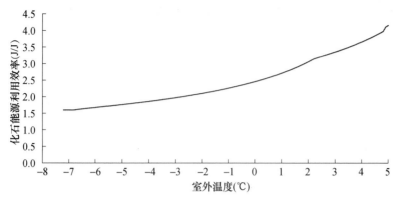

图 5-17 水热型地热集中供热系统化石能源利用效率变化曲线

随着室外温度升高，供热负荷需求降低，热网运行水温下降，燃气锅炉和直燃型溴化锂吸收式热泵机组等热力设备的供热负荷及天然气耗气量逐渐减小，直至为零。天然气主要用于承担采暖寒期的部分供热负荷，所以化石能源利用效率随着室外温度升高而逐渐增大。当燃气锅炉和直燃型溴化锂吸收式热泵机组停止运行时，天然气耗气量不再随着室外温度升高而变化，此时的化石能源消耗量是供热系统电耗量所折算的化石能源量，因此该水热型地热大温差集中供热系统的化石能源利用效率快速升高。由此可见，燃气锅炉和直燃型溴化锂吸收式热泵机组是影响该水热型地热大温差集中供热系统化石能源利用效率的主要设备，其中燃气锅炉的影响力相对较大。在整个采暖期内，该水热型地热大温差集中供热系统的化石能源利用效率变化较大，且实际能耗不仅取决于供热负荷大小，而且还取决于供热负荷的时间分布。对于具体的集中供热工程，不同室外温度所对应的供热负荷时间分布是不同的。因此，该水热型地热大温差集中供热系统化石能源利用效率需要从一个采暖期的角度进行分析评价。

一次热网循环水泵电耗随着地热输送距离增长而增大，从而影响供热系统年化石能源利用效率。随着地热输送距离增长，基于喷射式换热的水热型地热大温差集中供热系统的年化石能源利用效率变化曲线如图 5-18 所示。

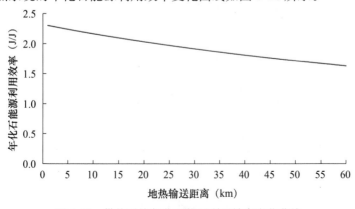

图 5-18 供热系统年化石能源利用效率变化曲线

由图 5-18 分析可知，基于喷射式换热的水热型地热大温差集中供热系统年化石能源利用效率随着地热输送距离增加而减小。当输热距离为 30km 时，该水热型地热大温差集中供热系统的年化石能源利用效率高达 1.88。显然，相对于常规燃气锅炉集中供热系统，基于吸收式换热的水热型地热大温差集中供热系统的化石能源利用效率较高，因此其热力性能较高，节能减排潜力较大。

基于喷射式换热的水热型地热大温差集中供热系统产品㶲效率分布见表 5-5。

表 5-5　基于喷射式换热的水热型地热大温差集中供热系统产品㶲效率分布

采暖方式	子系统	产品㶲效率（%）	系统产品㶲效率（%）
常温采暖	热源站	39.72	28.09
	一次热网	96.33	
	热力站	64.58	

由表 5-5 分析可知，热源站子系统的产品㶲效率相对较低，这是由于燃气锅炉和直燃型溴化锂吸收式热泵机组的热力过程不可逆损失较大，尤其是燃气锅炉。热力站采用增效型喷射式大温差换热机组回收利用一次热网循环水有用能而制取冷量，以降低一次热网回水温度，从而降低了一次热网与二次热网循环水之间的热量传递与转换过程的不可逆损失。相对于常规燃气锅炉供热系统（约10.9%），基于喷射式换热的水热型地热大温差集中供热系统产品㶲效率提高约8%。由此可见，基于喷射式换热的水热型地热大温差集中供热系统能源利用工艺较燃气锅炉集中供热系统科学、先进。

该水热型地热大温差集中供热系统热源站子系统的㶲损失分布如图 5-19 所示。

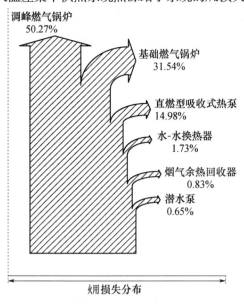

图 5-19　集中供热系统热源站

由图 5-19 分析可知，水-水换热器的㶲流较小，次之为直燃型溴化锂吸收式热泵机组，而燃气锅炉的㶲流相对较大。这说明，高品质天然气的能量品位较高，若用于生产低品位供暖热水，将导致燃气锅炉热力过程不可逆损失较大。由此可见，该水热型地热大温差集中供热系统的热源站子系统优化提升空间较大，其进一步优化方向之一是发展清洁低温供热技术。

通常，较长的地热输送距离导致一次热网循环水泵电耗量较高，从而在一定程度上影响水热型地热集中供热系统年产品㶲效率。随着地热输送距离增长，基于喷射式换热的水热型地热大温差集中供热系统年产品㶲效率变化曲线如图 5-20 所示。

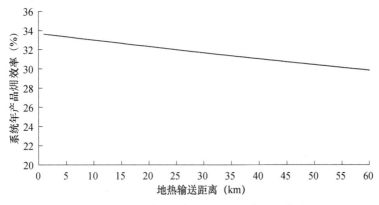

图 5-20 集中供热系统年产品㶲效率变化曲线

由图 5-20 分析可知，该水热型地热大温差集中供热系统的年产品㶲效率随着地热输送距离的增长而缓慢减小，由此再次证明，一次热网子系统的产品㶲效率较高，地热长距离输送所带来的㶲损失相对较小。然而，较长的地热输送距离虽然对产品㶲效率影响较小，但对一次热网建设初投资影响较大，从而将极大地影响该水热型地热大温差集中供热系统的经济效益。

综上所述，基于喷射式换热的水热型地热大温差集中供热系统具有较高的化石能源利用效率和产品㶲效率。因此，从热力学第一定律和第二定律角度来看，该水热型地热大温差集中供热系统工艺较科学、先进。

5.3.2 节能环保效益

基于喷射式换热的水热型地热大温差集中供热系统延时负荷曲线如图 5-21所示。

由 5-21 分析可知，水热型地热是该水热型地热大温差集中供热系统的基础供热负荷，其中天然气供热负荷随着室外温度升高而逐渐减小。由此可见，水热型地热田供热负荷较稳定，与地热能传递、传输规律相匹配，有利于提高地热井利用率及地热能利用率，降低运行成本。由此可见，该水热型地热大温差集中供

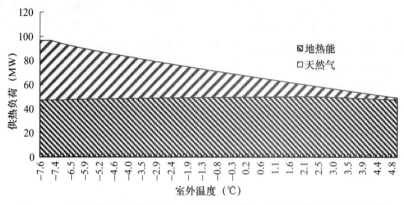

图 5-21　基于喷射式换热的水热型地热大温差集中供热系统延时负荷曲线

热系统可用于高效开发中低温水热型地热资源。

　　基于喷射式换热的水热型地热大温差集中供热系统在整个采暖季内的能耗结构如图 5-22 所示。

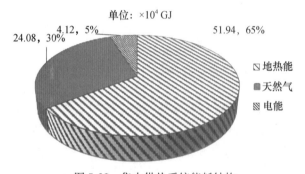

图 5-22　集中供热系统能耗结构

　　在整个采暖季内，地热能约占该水热型地热大温差集中供热系统总热耗量的 65％，而天然气约占该水热型地热大温差集中供热系统的总耗热量的 30％。相对于常规燃气锅炉集中系统，该水热型地热大温差集中供热系统每年可节省 1356.49 万 Nm³ 天然气，相当于单位供热面积每年可节省 6.78Nm³ 天然气。由此可见，基于喷射式换热的水热型地热大温差集中供热系统具有较大的节能潜力。其大气污染物的减排数据见表 5-6。

表 5-6　基于喷射式换热的水热型地热大温差集中供热系统大气污染排放量

系统类型	天然气 （万 Nm³）	烟气 （万 Nm³）	氮氧化物（NO_x） （t）	二氧化碳（CO_2） （t）
水热型地热供热系统	605.26	7710.92	4.62	12619.52
常规燃气锅炉系统	2223.10	28322.28	17.00	46351.62

由表 5-6 分析可知,基于喷射式换热的水热型地热大温差集中供热系统节能减排潜力较大,若被用于开发利用中国北方地区水热型地热资源,每年可在供暖期间显著降低大气污染物排放量,有利于打赢"大气污染防治攻坚战",实现"碳达峰、碳中和"发展目标。

5.3.3 经济效益

基于喷射式换热的水热型地热大温差集中供热系统的设备投资计算参照市场同类产品平均价格,安装、土建及其他费用计算参照《市政工程投资估算指标》(第八册集中供热热力网工程)[9]。基于喷射式换热的水热型地热大温差集中供热系统初投资见表 5-7。

表 5-7 基于喷射式换热的水热型地热大温差集中供热系统初投资

子系统	项目	水热型地热供热系统	常规燃气锅炉系统
热源站	设备费(万元)	12332.24	3571.42
	土建费(万元)	1849.84	535.72
	安装费(万元)	2466.44	714.28
	其他(万元)	1849.84	535.72
	合计(万元)	18498.36	5357.14
一次管网(10km)	设备费(万元)	879.46	1013.00
	土建费(万元)	2222.62	2222.62
	安装费(万元)	175.90	202.60
	其他(万元)	131.92	151.96
	合计(万元)	3409.90	3590.18
热力站	设备费(万元)	2500.00	1500.00
	土建费(万元)	375.00	225.00
	安装费(万元)	500.00	300.00
	其他(万元)	375.00	225.00
	合计(万元)	3750.00	2250.00
总计(万元)		25658.26	11197.32

由表 5-7 分析可知,基于喷射式换热的水热型地热大温差集中供热系统的初投资约是常规燃气锅炉集中供热系统的 2.29 倍,具有初投资大的特点。对于基于喷射式换热的水热型地热大温差集中供热系统,热源站子系统的初投资约占供热系统总投资的 54.4%,一次热网子系统初投资约占供热系统总投资的 13.3%。较高的供热系统初投资将导致运行成本中的非能源成本较高。

基于喷射式换热的水热型地热大温差集中供热系统和常规燃气锅炉集中供热

系统的供热成本及其成本结构见表5-8。

表5-8　两种集中供热系统供热成本结构

项目	水热型地热集中供热系统	常规燃气锅炉集中供热系统
能源成本（元/GJ）	30.18	72.98
非能源成本（元/GJ）	20.55	7.81
供热成本（元/GJ）	50.73	80.79

由表5-8分析可知，相对于常规燃气锅炉集中供热系统，基于喷射式换热的水热型地热大温差集中供热系统的供热成本中的能源成本降低42.8元/GJ，而其非能源成本增加12.74元/GJ，但其供热总成本降低约30元/GJ。由此可见，所增加的系统初投资因开发利用水热型地热而导致其能源成本及供热成本大幅下降。通常，较低的供热成本将带来较高的利润和较好的经济效益。

较长的地热输送距离将带来较高的一次热网建设初投资和运行电耗，进而影响该水热型地热大温差集中供热系统的非能源成本以及运行成本。随着地热输送距离增长，基于喷射式换热的水热型地热大温差集中供热系统的供热成本变化曲线如图5-23所示。

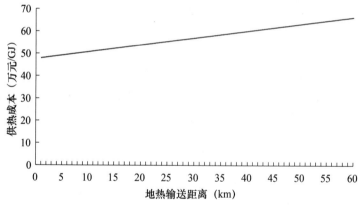

图5-23　集中供热系统供热成本变化曲线

由图5-23分析可知，该水热型大温差集中供热系统的供热成本随着地热输送距离增长而升高。每增加10km输热距离，供热成本约升高3元/GJ。当地热输送距离为60km时，该水热型地热大温差集中供热系统的供热成本低于70元/GJ，低于燃气锅炉集中供热系统的供热成本，具有一定的盈利空间，但项目技术可行性研究还需要从投资回收期角度进行综合评价。

投资回收期是该水热型地热大温差集中供热技术方案可行性研究的主要评价指标之一。地热输送距离的变化将导致一次管网建设初投资增大，进而影响该水热型地热大温差集中供热系统的供热成本、利润及投资回收期。随着地热输送距离增长，基于喷射式换热的水热型地热大温差集中供热系统的投资回收期变化曲线如图 5-24 所示。

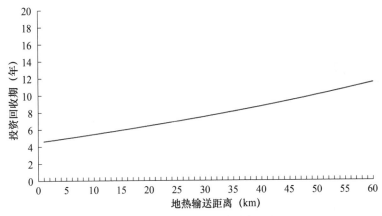

图 5-24　集中供热系统投资回收期变化曲线

由图 5-24 分析可知，喷射式换热的水热型地热集中供热系统投资回收期随地热输送距离增长而增大。若行业基准投资回收期为 10 年，基于喷射式换热的水热型地热大温差集中供热系统的地热经济输送距离高达 49km。由此可见，基于喷射式换热的水热型地热大温差集中系统可有效解决地热长距离输送成本较高的问题。

综上所述，基于喷射式换热的水热型地热大温差集中供热系统具有较高的热力学性能、较大的节能减排潜力、较好的经济效益和较长的地热经济输送距离，有助于高效开发远离城镇供热负荷区的水热型地热资源。

5.4　基于压缩式换热的水热型地热大温差集中供热

压缩式大温差换热机组不需要较高的一次热网供水温度，且可以获得较低的一次热网回水温度，以实施大温差低温集中供热技术[14-15]。为了保证地热水水质稳定性和地热井群可持续性取热能力，地热水回灌温度不宜偏低。

5.4.1　基于压缩式换热的水热型地热大温差集中供热

基于压缩式换热的水热型地热大温差集中供热系统包括热源站、一次热网、热力站和二次热网。其中，热源站子系统主要由采水井群和回灌井群，以及防腐型水-水换热器构成；热力站子系统主要由压缩式大温差换热机组构成。该水热型地热大温差集中供热系统流程示意如图 5-25 所示。

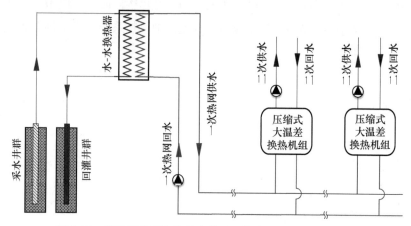

图 5-25　基于压缩式换热的水热型地热大温差集中供热系统

　　在热力站，一次热网供水依次流经压缩式大温差换热机组的水-水换热器和蒸发器，逐级放热降温，从而获得较低温一次热网回水；二次热网回水分两路，分别进入压缩式大温差换热机组的水-水换热器和冷凝器被加热升温，加热升温后的两路二次热网循环水汇合，并作为二次热网供水，进入二次热网供水管线，如此实现压缩式大温差换热机组能量高效传递与转换。

　　一次热网回水通过一次热网回水管线返回至热源站。

　　在热源站，低温一次热网回水进入水-水换热器，被来自中深层地热井群的地热水加热升温，被加热后的一次热网循环水再经由一次热网供水管线被输配至各个热力站。首先，来自采水井群的地热水在防腐型水-水换热器中被冷却降温；其次，降温后的地热水经由地热管线返回至回灌井群；最后，低温地热水被中深层高温岩层加热升温后汇聚至采水井群，如此实现地热井的可持续性取热。

　　不同的地热田因其地质条件差异而导致地热热流分布不同。所谓的地热井可持续性取热是指本年度的地热取热量不影响下一年度地热取热量。也就是说，中深层地热岩层在下一采暖季到来之时能够恢复到原来的岩层温度分布。如果过度开采中深层地热，则将导致深部岩层温度明显下降，进而影响下一采暖季的地热取热能力；如果地热取热不充分，虽然第二年采暖季的岩层温度恢复不受影响，但将导致地热资源利用不充分，降低地热资源利用率，影响水热型地热集中供热系统经济效益。

　　随着室外温度升高，热用户的供热负荷需求逐渐减小，热网运行水温逐步下降。根据"按需供热"原则，该水热型地热大温差集中供热系统首先调节压缩式大温差换热机组的压缩机转速，然后结合实际需求调节采水井群的地热水循环量，以供热系统电耗量最小为宗旨来运行。该水热型地热大温差集中供热系统主要热力设计参数见表5-9。

表 5-9　基于压缩式换热的水热型地热大温差集中供热系统主要热力设计参数

子系统	设备名称	项目	数值
热源站	地热水	质量流量（kg/s）	462.18
		供/回水温度（℃）	75/20
	防腐型水-水换热器	设备供热容量（W）	106500000
一次热网	循环水	质量流量（kg/s）	461.96
		供/回水温度（℃）	70/15
热力站	压缩式大温差换热机组	设备供热容量（W）	100000000
二次热网	循环水	质量流量（kg/s）	1592.99
		供/回水温度（℃）	55/40

该水热型地热大温差集中供热系统的一次热网和二次热网采取质调节方式。地热管网采用量调节方式，且结合一次热网供水温度需求调节地热水循环量。

随着室外温度升高，热用户的供热负荷需求逐渐降低。在整个采暖季中，一次热网和二次热网循环水温度将按照"按需供热"目标和"电耗量最小"宗旨来运行调节，随室外温度变化而变化。该水热型地热大温差集中供热系统运行水温曲线如图 5-26 所示。

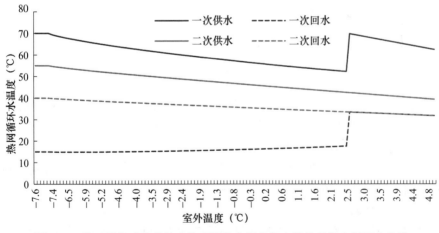

图 5-26　基于压缩式换热的水热型地热大温差集中供热系统水温调节曲线

由图 5-26 分析可知，随着室外温度升高，热用户的供热负荷需求逐渐降低，二次热网供回水温度也随之逐渐降低，且其供回水温差变小。为了节省电能和降低运行成本，基于压缩式换热的水热型地热大温差集中供热系统通过控制压缩式大温差换热机组的压缩机转速来控制一次热网回水温度及其供热负荷。当室外气温处于－7.6～2.6℃区间，该水热型地热大温差集中供热系统的一次热网供回水温度随着室外温度升高而降低；当室外温度为 2.6℃时，压缩式大温差换热机组的压缩机停止运行；当室外温度处于 2.6～5℃区间，该水热型地热大温差集中供热系统的一次热网供回水温度随着室外温度升高而降低。这是由于热力站仅利用压缩式大温差换热机组的水-水换热器来实现一次热网与二次热网循环水之间的能量传递。为满足二次热网供热负荷需求，一次热网供水温度需要大幅升高。

1. 热力性能

随着室外温度升高，基于压缩式换热的水热型地热大温差集中供热系统的性能系数 SCOP 变化曲线如图 5-27 所示。

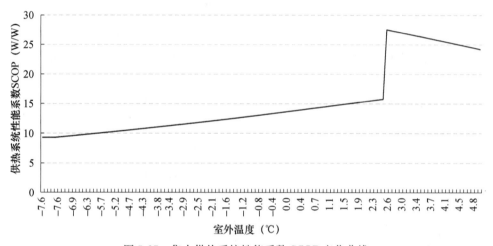

图 5-27　集中供热系统性能系数 SCOP 变化曲线

由图 5-27 分析可知，随着室外温度升高，压缩式大温差换热机组压缩机电功率逐渐减小，直至在室外温度为 2.6℃时停止运行。相对压缩式大温差换热机组的电耗量，热网循环水泵的电耗量较小。因此，当压缩式大温差换热机组的压缩机停止运行时，该水热型地热大温差集中供热系统性能系数急剧升高。随后，供热负荷下降而热网循环泵电耗量变化较小，因此该水热型地热大温差集中系统性能系数又开始减小。

显然，由图 5-27 难以判断该水热型地热大温差集中供热系统实际性能，因此需要从一个采暖季的角度来评判该供热系统的综合性能。此外，地热输送距离越远，其循环水泵电耗量越大，因此势必对该水热型地热大温差集中供热系统性能系数产生一定的影响。随着地热输送距离增长，该水热型地热大温差集中供热系统的年系统性能系数 ASCOP 变化曲线如图 5-28 所示。

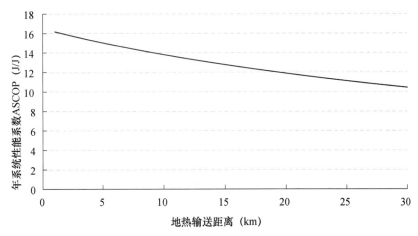

图 5-28 集中供热系统年系统性能系数 ASCOP 变化曲线

由图 5-28 分析可知，该水热型地热大温差集中供热系统的年系统性能系数 ASCOP 随着地热输送距离增长而减小。当地热输送距离为 20km，该水热型地热大温差集中供热系统的 ASCOP 约为 12；当地热输送距离为 30km，该水热型地热大温差集中供热系统的 ASCOP 约为 10.5，每增加 10km，该水热型地热大温差集中供热系统的 ASCOP 约减小 1.5。由此可见，基于压缩式换热的水热型地热集中供热系统性能显著高于浅层地源热泵供热系统，也远高于空气源电动压缩式热泵机组制热系数（约 2.5）。因此，基于压缩式换热的水热型地热大温差集中供热系统可高效开发利用中低温水热型地热资源，是远离城镇供热负荷区的水热型地热资源开发利用的关键技术之一。

基于压缩式换热的水热型地热大温差集中供热系统的热源站、一次热网和热力站的产品㶲效率分布如图 5-29 所示。

由图 5-29 分析可知，随着室外温度升高，该水热型地热大温差集中供热系统的热源站子系统和一次热网子系统的产品㶲效率先增大后减小，二者变化趋势一致。当室外温度低于 2.6℃时，热源站子系统、热力站子系统和一次热网子系统产品㶲效率变化一致；当室外温度高于 2.6℃时，热源站子系统和一次热网子系统产品㶲效率随着室外温度升高而减小，而热力站子系统的产品㶲效率随着室外温度升高而增大。

为了清晰地表达该水热型地热大温差集中供热系统的热力性能，采用年产品㶲效率评价指标来表达一个采暖季的系统产品㶲效率，其年产品㶲效率约为 54.7%，远高于燃气锅炉集中供热系统的年产品㶲效率（10.9%）。由此可见，基于压缩式换热的水热型地热大温差集中供热新模式具有较高的热力性能，是远离城镇供热负荷区的水热型地热资源开发利用的关键技术之一。

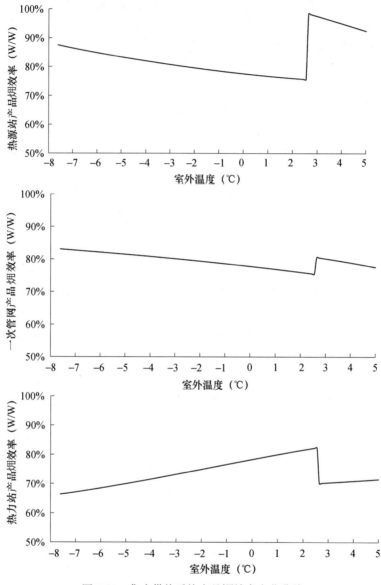

图 5-29　集中供热系统产品㶲效率变化曲线

2. 节能环保效益

基于压缩式换热的水热型地热大温差集中供热系统延时负荷曲线如图 5-30 所示。

由图 5-30 分析可知，基于压缩式换热的水热型地热大温差集中供热系统的热耗量主要来自水热型地热能，每年可利用地热能约 8.37×10^5 GJ，消耗电能 1.82×10^7 kW·h。与燃气锅炉集中供热系统相比，基于压缩式换热的水热型地

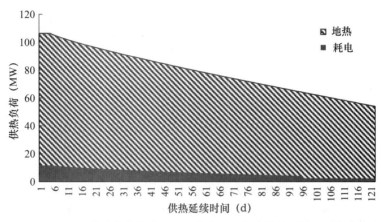

图 5-30　基于压缩式换热的水热型地热大温差集中供热系统延时负荷曲线

热大温差集中供热系统每年通过开发利用水热型地热能可降低天然气消耗量约 $2.42×10^7 Nm^3$，相应减排 NO_x 约 36.3t，减排 CO_2 约 42600t。由此可见，基于压缩式换热的水热型地热大温差集中供热系统具有较好的节能减排效益，将有助于推动大气污染传输通道"2＋26"城市水热型地热清洁供热发展，实现"2＋26"城市大气污染防治目标，促进供热行业的"碳达峰、碳中和"发展。

3. 经济效益

该水热型地热大温差集中供热系统中的设备投资计算参照市场同类产品平均价格，安装、土建及其他费用计算参照《市政工程投资估算指标》（第八册集中供热热力网工程）[9]。基于压缩式换热的水热型地热大温差集中供热系统初投资（地热输送距离 15km）见表 5-10。

表 5-10　基于压缩式换热的水热型地热大温差集中供热系统初投资

子系统	项目	数值
热源站	设备费用（元）	72541900
	土建费用（元）	6465800
	安装费用（元）	4849400
	其他费用（元）	4849400
地热输送距离（15km）	管线及设备费用（元）	17508200
	土建费用（元）	8480600
	安装费用（元）	24894600
	其他费用（元）	6360400

续表

子系统	项目	数值
热力站	设备费用（元）	27603600
	土建费用（元）	5520700
	安装费用（元）	4140500
	其他费用（元）	4140500
供热系统总投资（元）		187355600

如果按照热源、一次热网投资额度 50％的补贴标准[10]，该水热型地热大温差集中供热工程则可获得政府财政补贴约 7297.52 万元。

由表 5-10 分析可知，热源站子系统初投资是整个集中供热系统的主要组成分布，但对于地热远距离输送的供热工程而言，其一次热网建设初投资也相对较大。通常，地热输送距离越长，供热系统的供热成本越高，供热系统的投资回收期也越长。

随着地热输送距离增长，基于压缩式换热的水热型地热大温差集中供热系统供热成本变化曲线如图 5-31 所示。

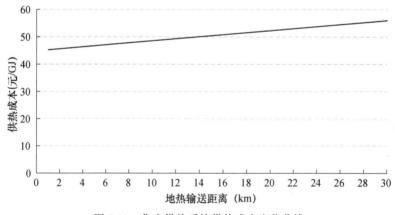

图 5-31　集中供热系统供热成本变化曲线

由图 5-31 分析可知，基于压缩式换热的水热型地热大温差集中供热系统的供热成本随着地热输送距离的增长而升高，单位输热距离所带来的供热成本增幅约 0.36 元/GJ。当地热输送距离为 30km 时，基于压缩式换热的水热型地热大温差集中供热系统的供热成本约 56 元/GJ，远低于燃气锅炉集中供热系统（80.79 元/GJ）。由此可知，基于压缩式换热的水热型地热大温差集中供热系统具有较低的供热成本和较高的盈利能力。

当地热输送距离为 15km 时，基于压缩式换热的水热型地热大温差集中供热系统供热成本结构如图 5-32 所示。

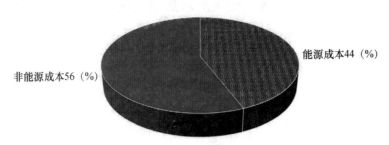

图 5-32 集中供热系统供热成本结构

由图 5-32 分析可知，对于基于压缩式换热的水热型地热大温差集中供热系统，非能源成本约占供热成本的 56％，占主导地位。这是由于该水热型地热大温差集中供热系统的地热井、热力站以及地热长距离输送管网建设初投资较大的缘故，从而影响了集中供热系统的供热成本结构。这显著区别于燃气锅炉集中供热系统（非能源成本占供热成本的 10％）。

随着地热输送距离增长，基于压缩式换热的水热型地热大温差集中供热系统投资回收期变化曲线如图 5-33 所示。

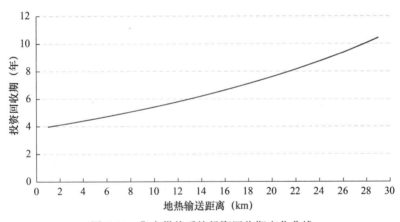

图 5-33 集中供热系统投资回收期变化曲线

由图 5-33 分析可知，基于压缩式换热的水热型地热大温差集中供热系统投资回收期随着地热输送距离增长而增大。当地热输送距离为 13km 时，该水热型地热大温差集中供热系统的投资回收期约为 6 年；行业基准投资回收期以 10 年来算，基于压缩式换热的水热型地热大温差集中供热系统地热经济输送距离可达28km。由此可见，基于压缩式换热的水热型地热大温差集中供热系统具有较好的经济效益，适用于开发远离城镇供热负荷区的水热型地热资源。

5.4.2 基于压缩式和吸收式换热的水热型地热大温差集中供热

基于压缩式和吸收式换热的水热型地热大温差集中供热系统主要由热源站、一次热网、热力站和二次热网构成。其供热系统流程示意如图 5-34 所示。

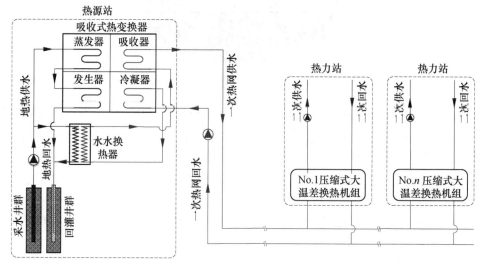

图 5-34 基于压缩式和吸收式换热的水热型地热大温差集中供热系统流程

热源站子系统主要由采水井群、回灌井群、地热水管网、潜水泵、水-水换热器、升温型溴化锂吸收式热变换器组成。其他子系统组成与基于压缩式换热的水热型地热大温差集中供热系统相同。

地热水工作原理为：来自采水井群的地热水首先分两路，一路进入水-水换热器放热降温，另一路依次进入升温型溴化锂吸收式热变换器的蒸发器、发生器放热降温；其次，两路降温后的地热水汇合，并返回至回灌井群；最后，回灌的地热水进入中深层裂隙或孔隙或溶洞，与高温岩层进行换热，吸热升温后再汇聚至采水井群。地热水管网采用量调节，按照"按需供热"原则，根据一次热网运行水温要求来调节地热水流量。

一次热网工作原理为：一次热网回水经由一次热网回水管线返回至热源站；在热源站中，一次热网回水依次流经升温型溴化锂吸收式热变换器的冷凝器、水-水换热器和升温型溴化锂吸收式热变换器的吸收器，相继被冷剂蒸汽、地热水和溴化锂溶液加热升温，再作为一次热网供水进入一次热网供水管线；一次热网供水经由一次热网被输配至各个热力站；在热力站中，一次热网供水相继进入压缩式大温差换热机组的水-水换热器和蒸发器，依次被二次热网回水和低压制冷剂冷却降温，再作为一次热网回水进入一次热网回水管线，如此完成一个循环。

二次热网工作原理为：来自热用户的二次热网回水在压缩式大温差换热机组的入口处分两路，一路进入压缩式大温差换热机组的水-水换热器，另一路进入压缩式大温差换热机组的冷凝器,分别被一次热网循环水和高压制冷剂加热升温;其次,两路被加热升温后的循环水汇合,并作为二次热网供水进入二次热网供水管线,经由二次热网被输配至各个热用户;最后,二次热网供水在热用户的末端散热器中放热降温,并且降温后的热网循环水作为二次热网回水进入二次热网回水管线,返回至热力站,如此完成一个循环。

基于压缩式和吸收式换热的水热型地热大温差集中供热系统组成与基于压缩式换热的水热型地热大温差集中供热系统的主要区别在于热源站子系统,增加了一台升温型溴化锂吸收式热变换器。升温型溴化锂吸收式热变换器可以充分回收利用低温一次热网回水和中温地热水之间的势差,并将一次热网循环水加热至远高于地热水温的温度。

较高温度的一次热网供水不但可以大幅增大一次热网供回水温差,降低一次热网建设初投资及运行电耗,而且还有助于提升压缩式大温差换热机组中的压缩式热泵性能,降低压缩式大温差换热机组运行电耗。

基于压缩式和吸收式换热的水热型地热大温差集中供热系统一次热网和二次热网采用质调节方式,地热水管网采用量调节方式。

随着室外温度升高,基于压缩式和吸收式换热的水热型地热大温差集中供热系统一次热网水温调节曲线如图 5-35 所示。

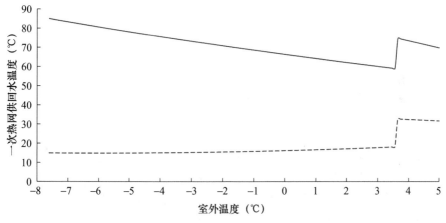

图 5-35　集中供热系统一次热网水温调节曲线

由图 5-35 分析可知,当室外温度处于-7.6~3.6℃区间,基于压缩式和吸收式换热的水热型地热大温差集中供热系统一次热网供回水温随着室外温度升高而降低;当室外温度为 3.6℃时,供热系统根据供热系统电耗量最小化宗旨,停止运行压缩式大温差换热机组中的压缩式热泵,热力站仅利用压缩式大温差换热机组中的水-水换热器实现一次热网与二次热网循环水热量传递,按照按需供热原则,该水热型地热大温差集中供热系统的一次热网供回水温度骤升;当室外温度处于3.6~5.0℃区间，基于压缩式和吸收式换热的水热型地热大温差集中供热系统一次热网供回水温度随着室外温度升高而再次降低。然而，一次热网供回水温差随着室外温度升高而减小。这是由于供热负荷随着室外温度升高而减小的缘故（一次热网采用质调节方式）。

当室外温度处于−7.6~3.6℃区间，地热水循环量随着室外温度升高而减小；当室外温度为3.6℃时，地热水循环量增大；当室外温度处于3.6~5.0℃区间，地热水循环量随着室外温度升高而再次减小。

1. 热力性能

随着室外温度升高，基于压缩式和吸收式换热的水热型地热大温差集中供热系统性能系数 SCOP 变化曲线如图 5-36 所示。

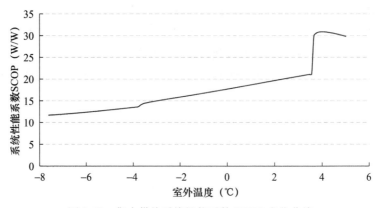

图 5-36　集中供热系统性能系数 SCOP 变化曲线

由图 5-36 分析可知，随着室外温度升高，该水热型地热大温差集中供热系统性能系数 SCOP 先逐渐升高，再骤升，然后缓慢下降。这说明压缩式大温差换热机组电耗量是该水热型地热大温差集中供热电耗量的主要成分，因此对供热系统性能系数的影响较显著。随着一次热网和二次热网运行水温下降，供热负荷降低，但因压缩式大温差换热机组电耗量降幅相对较大，从而导致该水热型地热大温差集中供热系统性能系数 SCOP 增大。当压缩式大温差换热机组中的压缩机停止运行时，该水热型地热大温差集中供热系统的电耗量骤降，因此其系统性能系数 SCOP 骤升。然而，随着室外温度进一步升高，供热负荷继续减小，但系统循环水泵电耗量变化较小，从而导致该水热型地热大温差集中供热系统性能系数 SCOP 逐渐降低。

系统性能系数 SCOP 反映的是某室外温度下的供热系统热力性能，其实际性能与供热负荷时间分布也有关系，难以直观表达供热系统热力性能。鉴于此，该水热型地热大温差集中供热系统又采用"年系统性能系数"评价指标，从一个采暖季的角度来分析评价该水热型地热大温差集中供热系统热力性能。

地热输送距离增长势必引起一次热网循环水泵电耗量增大，进而影响该水热型地热大温差集中供热系统的年系统性能系数 ASCOP，其变化曲线如图 5-37 所示。

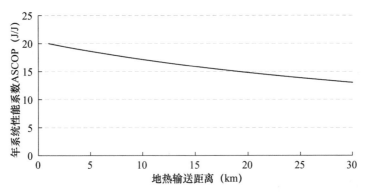

图 5-37 集中供热系统的年系统性能系数 ASCOP 变化曲线

由图 5-37 分析可知，该水热型地热大温差集中供热系统的年系统性能系数 ASCOP 随着地热输送距离增长而减小，其降幅约 2.33/10km。由此可见，循环水泵电耗量随着地热输送距离的增长而明显增大，从而导致该水热型地热大温差集中供热系统的年系统性能系数 ASCOP 快速减小。由此可见，大温差输热方式是地热长距离经济输送的关键。

随着室外温度升高，基于压缩式和吸收式换热的水热型地热大温差集中供热系统产品㶲效率变化曲线如图 5-38 所示。

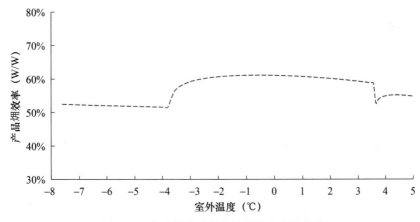

图 5-38 集中供热系统产品㶲效率变化曲线

由图 5-38 分析可知，随着室外温度升高，该水热型地热大温差集中供热系统的产品㶲效率首先缓慢减小，其次急剧升高、缓慢升高；再次缓慢减小；又次急剧下降；最后依次缓慢上升、减小。由此可见，该供热系统的产品㶲效率变化较复杂。这也直观反映了该水热型地热大温差集中供热系统电耗量分布，但难以直观评价其热力性能。因此，该水热型地热大温差集中供热系统热力性能需要从整个采暖期的角度进行评价。

当地热输送距离为 20km 时，基于压缩式和吸收式换热的水热型地热大温差集中供热系统年产品㶲效率为 56.5%，显著高于燃气锅炉集中供热系统的年产品㶲效率（10.9%），因此其能源利用工艺较科学、先进，其系统设计较优。

2. 节能环保效益

基于压缩式和吸收式换热的水热型地热大温差集中供热系统延时负荷曲线如图 5-39 所示。

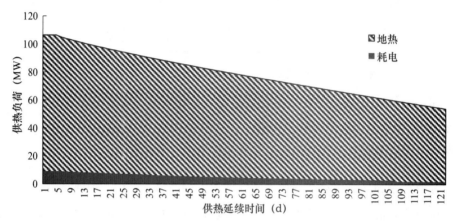

图 5-39　基于压缩式和吸收式换热的水热型地热大温差集中供热系统延时负荷曲线

由图 5-39 分析可知，地热能是该水热型地热大温差集中供热系统供热负荷的主要构成，且其电耗量较小。此外，压缩式大温差换热机组电耗量是该水热型地热大温差集中供热系统电耗的主要构成，且其电耗随着供热负荷增大而增大。对于热电厂，供热负荷越高，发电能力越高；对于该水热型地热大温差集中供热系统，供热负荷越高，电力需求也越高。由此可见，该水热型地热大温差集中供热系统的电力需求分布与热电厂供电负荷分布具有较好的一致性，因此可与电网在冬季实现互联互调，以提高热电厂热电调节的灵活性，最大程度发挥热电厂高能效作用，并提高水热型地热资源利用率。

与燃气锅炉集中供热系统相比，基于压缩式和吸收式换热的水热型地热大温差集中供热系统每年可节省天燃气约 2420 万 Nm^3，每年可减排 NO_x 约 36.3t，减排 CO_2 约 42600t，具有显著的节能减排效益。

若大气污染传输通道"2+26"城市采用基于压缩式和吸收式换热的水热型地热大温差集中供热新技术，高效开发利用水热型地热资源，每年可节省天然气 0.73 万亿 Nm^3，减排 NO_x 约 $1.1 \times 10^6 t$，CO_2 约 $1.29 \times 10^8 t$，具有显著的节能环保效果。

3. 经济效益

基于压缩式和吸收式换热的水热型地热大温差集中供热系统中的设备投资计算参照市场同类产品平均价格，安装、土建及其他费用计算参照《市政工程投资估算指标》（第八册集中供热热力网工程）[9]。基于压缩式和吸收式换热的水热型地热大温差集中供热系统初投资见表 5-11。

表 5-11　基于压缩式和吸收式换热的水热型地热大温差集中供热系统初投资

子系统	项目	数值
热源站	设备费用（元）	98737400
	土建费用（元）	7547800
	安装费用（元）	5660900
	其他费用（元）	5660900
地热输送距离（15km）	管线及设备费用（元）	15761900
	土建费用（元）	7810500
	安装费用（元）	23288300
	其他费用（元）	5857900
热力站	设备费用（元）	24224600
	土建费用（元）	4844900
	安装费用（元）	3633700
	其他费用（元）	3633700
供热系统总投资（元）		206662500

如果按照热源、一次热网投资额度 50% 的补贴标准[10]，该水热型地热大温差集中供热工程则可获得政府财政补贴约 8516.38 万元。

随着地热输送距离增长，基于压缩式和吸收式换热的水热型地热大温差集中供热系统的供热成本变化曲线如图 5-40 所示。

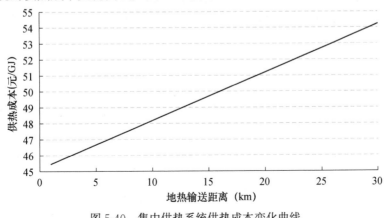

图 5-40　集中供热系统供热成本变化曲线

由图 5-40 分析可知，基于压缩式和吸收式换热的水热型地热大温差集中供热系统的供热成本随着地热输送距离增加而升高，每 1km 的供热成本升幅约为 0.29 元/GJ。随着地热输送距离增加，该水热型地热大温差集中供热系统供热成本的增加主要来自一次热网建设初投资增加所带来的非能源成本。

供热成本主要由能源成本和非能源成本构成。其中，能源成本主要为电力成本；非能源成本主要包括固定资产折旧费、人员工资、维护费等。由前面的供热系统能耗构成可知，电力消耗量较小，因此其能源成本相对较小。

当地热输送距离为 15km 时，基于压缩式和吸收式换热的水热型地热大温差集中供热系统的供热成本构成如图 5-41 所示。

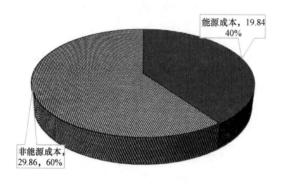

图 5-41　集中供热系统供热成本构成（元/GJ）

由图 5-41 可知，基于压缩式和吸收式换热的水热型地热大温差集中供热系统的供热成本约 50 元/GJ，远低于燃气锅炉集中供热系统（约 80 元/GJ），且其中 60% 的成本是非能源成本。这主要是由于地热井钻探费及其维护费较高的缘故。因此，对水热型地热集中供热系统进行财政补贴将有助于推动水热型地热集中供热发展。

基于压缩式和吸收式换热的水热型地热大温差集中供热系统投资回收期也受地热输送距离的影响。其与地热输送距离关系如图 5-42 所示。

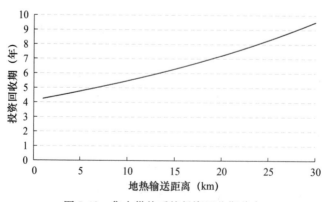

图 5-42　集中供热系统投资回收期分布

由图 5-42 分析可知，随着地热输送距离增加，基于压缩式和吸收式换热的水热型地热大温差集中供热系统的投资回收期逐渐增大，每 5km 的投资回收期增幅约为 0.9 年。当地热输送距离为 30km 时，该水热型地热大温差集中供热系统投资回收期约 9.6 年，仍略低于行业基准投资回收期（10 年）。由此可见，基于压缩式和吸收式换热的水热型地热大温差集中供热技术有助于解决地热长距离输送成本高的问题，可用于高效开发远离城镇供热负荷区的水热型地热资源。

基于压缩式和吸收式换热的水热型地热大温差集中供热系统的压缩式大温差换热机组被布置在城区内的热力站，可充分利用城区电力输配设施，无须大幅增加电力增容投资，其热源站布置的升温型溴化锂吸收式热变换器几乎不消耗电力，因此，该水热型地热大温差集中供热系统的主要电力增容量来自地热井的潜水泵的电力需求，其电力增容投资相对较小。

为促进水热型地热集中供热技术发展及应用，政府制订了相应的优惠激励政策，如资金低息借贷或财政补贴等措施，以帮助供热企业解决地热清洁供热工程项目在建设过程中的资金短缺问题。

参考文献

[1] 王贵玲，张薇，蔺文静，等．京津冀地区地热资源成藏模式与潜力研究［J］．中国地质，2017，44（6）：1074-1085.

[2] 窦斌，田红，郑君．地热工程学［M］．北京：地质大学出版社，2020.

[3] 李善化，康慧．实用集中供热手册［M］．北京：中国电力出版社，2006.

[4] 关文吉．供暖通风空调设计手册［M］．北京：中国建材工业出版社，2016.

[5] 民用建筑供暖通风与空气调节设计规范：GB 50736—2012［S］．北京：中国建筑工业出版社，2012.

[6] 贺平，孙刚，王飞，等．供热工程［M］.5 版．北京：中国建筑工业出版社，2009.

[7] Fangtian Sun, Xinyu Zhao, Xu Chen, et al. New configurations of district heating system based on natural gas and deep geothermal energy for higher energy efficiency in northern China［J］. Applied Thermal Engineering, 2019, 151：439-450.

[8] 程丽娇．基于吸收式换热的深层地热集中供热系统配置［D］．北京：北京建筑大学，2018.

[9] 中华人民共和国建设部．市政工程投资估算指标（第八册集中供热热力网工程）［M］．北京：中国计划出版社，2007.

[10] 关于进一步加快热泵系统应用推动清洁供暖的实施意见［EB/OL］. http://www. beijing. gov. cn/zhengce/wenjian/192/33/50/438650/1574021/index. htm, 2019.

[11] 虞晓芬，龚建立．技术经济学概论［M］．北京：高等教育出版社，2015.

[12] 方勇．技术经济学［M］.2 版．北京：机械工业出版社，2018.

[13] 陈旭．基于喷射式换热的中深层地热集中供热系统优化配置及运行［D］．北京：北京建筑大学，2020.

[14] 杨昊原．基于压缩式换热的工业余热供热系统优化配置［D］．北京：北京建筑大

学，2018.

[15] Fangtian，Yonghua Xie，Svend Svendsen，et al. New Low-temperature Central Heating System Integrated with Industrial Exhausted Heat Using Distributed Electric Compression Heat Pumps for Higher Energy Efficiency ［J］. Energies，2020，13（24）：6582.

6 水热型地热集中供热技术发展及激励政策

中国的可再生能源——水热型地热资源较丰富，因此水热型地热供热技术将是中国北方城镇实施清洁供暖的主要技术之一。水热型地热清洁供热工程建设应根据"因地制宜、就地取材"的原则，高效开发利用水热型地热资源，实施形式多样、灵活适用的水热型地热清洁供热工程。这不仅需要完善水热型地热集中供热技术体系及其关键装备系列，以满足水热型地热供热工程的多样化建设需求，而且还需要制订和实施相应的激励政策，以缓解水热型地热大温差集中供热系统初投资大的压力，推动水热型地热大温差集中供热发展。

6.1 水热型地热大温差集中供热技术发展

6.1.1 水热型地热大温差集中供热技术特点

水热型地热田是因复杂地质构造活动而产生的地热富集区。部分大型水热型地热田远离城镇供热负荷区，从而导致中低温水热型地热远距离输送成本高，进而制约水热型地热资源开发与利用。水热型地热大温差集中供热系统工艺旨在大幅增大一次热网供回水温差，以降低一次热网建设初投资及其运行成本，提高地热经济输送距离，从而解决地热能远距离输送成本高的问题。

在热力站，大温差换热机组（压缩式大温差换热机组、吸收式大温差换热机组和喷射式大温差换热机组）可用于大幅度降低一次热网回水温度，以增大一次热网供回水温差，因此是大温差集中供热技术的关键设备。其中，吸收式大温差换热机组和喷射式大温差换热机组对一次热网供水温度要求较高，但其耗电量较小；压缩式大温差换热机组对一次热网供水温度基本无要求，且可获得较低温度的一次热网回水，尤其适用于大温差低温集中供热系统，高效利用低品位热能，因此其适用性较好，但其耗电量较高。基于压缩式换热的大温差集中供热系统宜用于中国北方城镇构建智慧低碳能源系统，实现热网—电网—气网三网高效协同调节，提高区域能源利用系统综合能效水平。由此可见，三种大温差换热机组及其对应的大温差集中供热系统工艺均具有各自的技术特点及应用效果，因此在实际供热工程技术方案制订时需要结合实际工程条件、能源配置条件、能源供应设施建设现状、当地的能源地热资源与财政政策，从热力学、经济学和生态学角度进行综合分析评价，以优化设计水热型地热大温差集中供热系统设计。

水热型地热大温差集中供热技术具有以下特点：

① 水热型地热大温差集中供热系统的能量传递、转换与利用工艺较科学、先进，其热力过程的不可逆损失较小，供热系统热力性能较高。

② 水热型地热大温差集中供热系统的一次热网供回水温差大，一次热网回水温度低，经济输热距离长，有助于解决源荷空间分布不匹配问题。

③ 水热型地热大温差集中供热系统的供热成本较低，投资回收期较短，固定资产投资收益率较高，经济效益较好。

④ 水热型地热大温差集中供热系统的节能减排潜力较大，具有显著的环保效益，为中国北方城镇的供热行业"碳达峰和碳中和"发展提供新思路、新方法。

⑤ 水热型地热大温差集中供热系统的热源站子系统因地热水温、热用户采暖温度需求以及常规能源配置条件等差异较大，导致能源站子系统优化配置较复杂。

⑥ 地热井钻探费用较高，从而导致热源站初投资较高，因此地热井利用小时数及地热资源利用率是影响水热型地热大温差集中供热系统经济效益的关键因素之一。

⑦ 相对于太阳能，水热型地热供应较稳定；相对于浅层地热或空气能，水热型地热水温度较高，供热负荷密度较高，易于利用，但在当前的地热井钻探技术条件下，水热型地热资源开发利用系统初投资相对较高。

⑧ 不同地区的地热水矿化度不同，总体而言，地热水矿化度高，水质差，因此水热型地热利用设备应注意防腐、防结垢。

⑨ 水热型地热与热网、气网、电网进行耦合，实施"三网"协同运行调节，可有效提升北方城镇区域能源利用系统能效水平、经济效益以及社会效益，有利于北方城镇实现"碳达峰、碳中和"发展目标。

综上所述，水热型地热大温差集中供热技术在水热型地热资源较丰富地区具有巨大的发展潜力和广阔的应用前景，但其需结合各项供热工程具体特点、源荷空间分布、常规能源配置现状以及既有供热设施建设现状设计一套与之相匹配的水热型地热大温差集中供热技术方案。水热型地热大温差集中供热模式及设计理念也适用于其他中低温热能开发利用，如工业废热、太阳能。

6.1.2 水热型地热大温差集中供热技术应用前景

勘察数据表明[1-2]，中国北方地区大气污染传输通道"2+26"城市的水热型地热资源年可开采量约相当于 8.67 亿吨标准煤，但前期因供热技术体系不健全、地热长距离输送成本高等原因而导致水热型地热资源利用率约 11%，较低。《大气污染防治行动计划》要求"2+26"城市遵循"因地制宜、多措并举、综合协调、创新引领"原则积极推进城镇及农村地区清洁采暖工程发展。

水热型地热大温差集中供热技术具有显著的节能减排效果、较好的经济效益，其技术推广应用不仅有利于满足中国北方城镇快速增长的供热负荷需求，而且还有利于推动中国北方城镇清洁供热工程建设，降低北方城镇供热系统的大气污染物排放量，促进北方城镇"碳达峰、碳中和"发展。因此，水热型地热大温差集中供热技术在水热型地热资源丰富的"2＋26"城市区域内具有广阔的应用前景。

6.2　水热型地热清洁供热发展政策及思路

中国北方城镇实施清洁能源供热工程是改善中国北方地区冬季大气环境质量的关键措施之一[3-5]。然而，水热型地热能因其自身的水温分布较广、能源密度空间分布不均匀等特点而导致水热型地热集中供热系统集成及运行相对复杂，尤其是水热型地热集中供热系统初投资大的问题。诸多问题在很大程度上制约着水热型地热集中供热技术的发展与应用。

为推动生态文明建设和大气污染防治，中央及地方政府制定并颁布了一系列有关能源环保的法律、法规及政策，以推动高效清洁供热工程，积极践行"绿水青山就是金山银山"的发展理念，推动中国供热行业"碳达峰、碳中和"。

6.2.1　清洁供热既有激励政策及思路

近20年来，中国城镇化和工业化的快速发展导致了社会商品总能耗量快速增长，大气污染物排放量也逐年剧增。大气环境对大气污染物的承载力已于2013年达到极限，从而产生了雾霾天气全国性频发现象。这在很大程度上影响了人民生活、工作及身体健康，已受到党中央、国务院及各地方政府的高度重视。

雾霾是由雾和霾组成的，其中雾的主要成分是水，而霾的主要成分是大气中微小颗粒物（空气动力学当量直径≤2.5μm），如硫酸盐、硝酸盐、矿物颗粒物、有机气溶胶粒子[6]。这些小颗粒物主要来源于汽车尾气排放、工业生产所排放的废气、采暖燃煤或燃气燃烧所排放的废气以及交通道路和建筑工地施工所产生的扬尘。

人体的呼吸道系统一旦吸附大量的小颗粒物，将引起诸多呼吸系统疾病，如支气管哮喘、慢性支气管炎、阻塞性肺气肿和慢性阻塞性肺疾病[7-8]。雾霾天气也对心脑血管疾病影响很大，并将加重病情，甚至导致高血压、脑溢血、冠心病、心肌梗死等疾病；严重的雾霾天气频发也将影响紫外线对地球表面的投射，从而容易引起小儿佝偻病，并会引起传染性疾病频发[7-8]。国家卫计委已于2013年12月26日将雾霾列为2013年的十大健康风险之首。

由此可见，雾霾天气对人民群众的身心健康危害极大，且已影响到人民群众的正常交通出行，因此引起党中央和国务院的高度重视。习近平主席和李克强总理多次指令相关部门先后制定并颁布一系列法律、法规及政策，以推动节能减排工作，提升大气环境质量，保障人民群众身体健康以及幸福生活的需求。

2013年9月12日，国务院制定并颁发了《大气污染防治行动计划》。《大气污染防治行动计划》要求各地方政府积极发展绿色建筑，新建建筑要严格执行强制性节能标准；推广使用太阳能热水系统、地源热泵、空气源热泵、光伏建筑一体化、"冷热电"三联供等能源高效利用技术及装备；推进供热计量改革，加快北方地区既有居住建筑的供热计量和节能改造；加快热力管网建设与改造。到2017年，中国地级及以上城市的可吸入颗粒物浓度比2012年下降10%以上，优良天数逐年提高；京津冀、长三角、珠三角等区域的细颗粒物浓度分别下降了25%、20%、15%左右，其中北京市的细颗粒物年均浓度控制在$60\mu g/m^3$左右。经过五年努力，中国空气质量总体得以改善，重污染天数大幅减小。

2013年10月，京津冀及周边地区成立了大气污染防治协作小组，小组成员主要包括国务院有关部门和京津冀及周边地区的省级政府的重要领导，积极贯彻落实党中央、国务院关于京津冀及周边地区大气污染防治的方针政策和决策部署，积极推进区域大气污染联防联控工作。

2014年2月，习近平总书记指出京津冀协同发展理念，以打赢蓝天保卫战为重点的生态环境保护作为五大重点任务之一，并提出了进一步完善联防联控机制，着力抓好与落实清洁能源供应等重点工作。

2014年9月12日，国家发展改革委员会下发了《关于印发〈煤电节能减排升级与改造行动计划（2014—2020年）〉的通知》，要求积极发展热电联产，坚持"以热定电"，科学制定热电联产规划，建设高效燃煤热电机组，对集中供热领域内的分散燃煤小锅炉实施替代和限期淘汰。该通知要求：到2020年年底，燃煤热电机组装机容量占燃煤发电总装机容量比重力争达到28%。

2015年年底，京津冀三地共同签署了《京津冀区域环境保护率先突破合作框架协议》。此后，国务院又于2018年将"协作小组"升级为"领导小组"，以进一步凸显国家将京津冀区域大气协作治理提升到国家治理层面的决心。

《中华人民共和国大气污染防治法》由中华人民共和国第十二届全国人民代表大会常务委员会第十六次会议于2015年8月29日修订通过，并自2016年1月1日起施行。大气污染防治法要求各地政府应当以改善大气环境质量为目标，坚持源头治理，规划先行，转变经济发展模式，优化产业结构和布局，调整能源消费结构；推广先进适用的大气污染防治技术及装备，促进科技成果转化，以发挥科学技术在大气污染防治中的支撑作用；在燃煤供热地区，积极推进热电联产和集中供热。在集中供热管网覆盖地区，禁止新建、扩建分散燃煤供热锅炉；排放不能达标的既有燃煤供热锅炉，应当在所在地人民政府规定的期限内拆除。

2016年2月6日，中共中央、国务院下发了《关于进一步加强城市规划建设管理工作的若干意见》，要求进一步加强对城市集中供热系统的技术改造和运行管理，提高热能利用效率，大力推行采暖地区住宅供热分户计量。

2016 年 7 月 2 日，第十二届全国人民代表大会常务委员会第二十一次会议通过了《全国人民代表大会常务委员会关于修改〈中华人民共和国节约能源法〉的决定》。《中华人民共和国节约能源法》要求国家对实行集中供热的建筑分步骤实行供热分户计量、按照用热量收费的制度，新建建筑或者已改造的既有建筑，应当按照规定安装用热计量装置、室内温度调控装置和供热系统调控装置。

2016 年 8 月 29 日，住房城乡建设部制定了"十三五"规划纲要，要求加强供热系统节能，推进供热管网设施节能改造升级，大力推进北方采暖地区住宅分户计量，完善供热计量收费政策，推进北方城市供热系统节能改造工程。

2016 年 10 月 27 日，国务院下发了《国务院关于印发"十三五"控制温室气体排放工作方案的通知》，要求推进既有建筑节能改造，强化新建建筑节能，推广绿色建筑。到 2020 年，城镇绿色建筑占新建建筑比重达到 50%，并要求因地制宜推广余热利用、高效热泵、可再生能源、分布式能源等低碳技术。

2016 年 11 月 7 日，国家发展改革委、国家能源局下发了《电力发展"十三五"规划（2016—2020 年）》，要求因地制宜规划建设热电联产项目，并在充分利用已有热源且最大限度地发挥其供热能力的基础上，按照"以热定电"的原则规划建设热电联产项目，优先发展背压式热电联产机组。2016 年 11 月 24 日，国务院下发了《国务院关于印发"十三五"生态环境保护规划的通知》（国发〔2016〕65 号），要求大力推进煤炭清洁化利用，鼓励热电联产机组替代燃煤小锅炉，推进城市集中供热。2016 年 12 月 20 日，国务院下发了《"十三五"节能减排综合工作方案》（国发〔2016〕74 号），要求加快发展热电联产和集中供热，利用城市和工业园区周边现有的热电联产机组、纯凝发电机组及其低品位余热实施供热节能改造，淘汰供热供气范围内的燃煤锅炉（窑炉），推进利用太阳能、浅层地热能、空气热能、工业余热等解决建筑用能需求。2016 年 12 月 23 日，习近平在中央财经领导小组第十四次会议上强调推进北方地区冬季清洁取暖。推进北方地区冬季清洁取暖要按照企业为主、政府推动、居民可承受的方针，坚持因地制宜、宜气则气、宜电则电的原则，尽可能地利用清洁能源，加快提高清洁能源供暖比重。这不仅关系着北方地区人民群众温暖过冬，而且还关系雾霾减排效果，是重大的民生工程。中央财政支持清洁取暖试点以城市为单位整体推进清洁取暖，城区内必须实现散煤取暖的清零，并辐射带动广大农村地区，大幅提升农村地区的清洁取暖比例。

2017 年 3 月 1 日，住房城乡建设部印发了《建筑节能与绿色建筑发展"十三五"规划》，要求持续推进既有居住建筑节能改造，严寒及寒冷地区应结合北方地区清洁取暖要求，继续推进既有居住建筑节能改造、供热管网智能调控改造，完善夏热冬冷和夏热冬暖地区既有居住建筑节能改造的技术路线，并积极开展节能改造试点。

2017 年 3 月 5 日，李克强总理在中华人民共和国第十二届全国人民代表大会第五次会议上的政府工作报告中提出了蓝天保卫战，并实施"蓝天计划"。

2017 年 4 月 18 日，国家能源局印发了《关于促进可再生能源供热的意见》。该意见要求：到 2020 年，中国可再生能源取暖面积达到 35 亿平方米左右，京津冀及周边地区可再生能源供暖面积达到 10 亿平方米。

2017 年 5 月 16 日，财政部、住房城乡建设部、环保部以及国家能源局印发了《关于开展中央财政支持北方地区冬季清洁取暖试点工作的通知》，要求加快热源端清洁化改造，重点围绕解决散煤燃烧问题，按照"集中为主、分散为辅、宜气则气、宜电则电"原则，推进燃煤供暖设施清洁化改造，推广热泵、燃气锅炉、电锅炉和分散式电或燃气取暖，因地制宜推广地热能、空气热能、太阳能、生物质能等可再生能源分布式、多能互补应用的新型供暖模式。

2017 年 5 月，国家发展改革委员会根据党的十八届五中全会精神和"十三五"规划纲要要求，会同有关部门制定了《循环发展引领行动》，要求推动生产系统和生活系统能源共享，积极发展热电联产、热电冷三联供，推动钢铁、化工等企业工业余热用于城市集中供暖。《循环发展引领行动》要求：同 2013 年相比，2017 年全国 338 个地级及以上城市可吸入颗粒物（PM_{10}）平均浓度下降了 22.7%，京津冀地区 $PM_{2.5}$ 平均浓度下降了 39.6%。北京地区的 $PM_{2.5}$ 平均浓度从每 $1m^3$ 89.5μg 下降至 58μg。

2017 年 9 月 6 日，住房城乡建设部、发改委、财政部、能源局印发了《关于推进北方采暖地区城镇清洁供暖的指导意见》[9]，要求推进建筑节能，加快推进既有居住建筑节能，优先改造采取清洁供暖方式的既有建筑，降低供暖输配损耗，解决影响供暖安全、节能和节费方面的突出问题，大力提高热用户端的能效水平。

2017 年 12 月 5 日，发改委、能源局、财政部、环保部、住房城乡建设部、国资委、质检总局、银监会、证监会、军委后勤保障部联合制定了《北方地区冬季清洁取暖规划（2017—2021 年）》。该规划要求按照企业为主、政府推动、居民可承受的方针，坚持宜气则气、宜电则电原则，尽可能利用清洁能源，加快提高清洁供暖比重，构建绿色、节约、高效、协调、适用的北方地区清洁供暖体系。

2018 年 7 月 3 日，国务院公开发布了《打赢蓝天保卫战三年行动计划》，要求坚持从实际出发，遵循宜电则电、宜气则气、宜煤则煤、宜热则热的原则，有效推进北方地区清洁取暖，确保北方地区群众安全取暖过冬。该计划要求：2020 年采暖季前，在保障能源供应的前提下，京津冀及周边地区、汾渭平原地区应基本完成生活和冬季取暖散煤替代；对暂不具备清洁能源替代条件的山区，积极推广洁净煤。力争 2020 年，天然气消耗量占社会能源消费总量的比重达到 10%。新增天然气量优先用于城镇居民和大气污染严重地区的生活和冬季供暖散煤替代，重点支持京津冀及周边地区和汾渭平原，实现"增气减煤"。加快农村"煤改电"电网升级改造，制定实施工作方案；电网企业要统筹推进输变电工程建设，满足居民采暖用电需求；鼓励推进储热式等电供暖。地方政府对"煤改电"配套电网工程建设应给予支持，统筹协调"煤改电""煤改气"建设用地；建立中央大气污染防治专项资金安排与地方环境空气质量改善绩效联动机制，调动地方政府治理大气污染积极性。农村地区利用地热能向居民供暖（制冷）的项目运行电价参照居民用电价格执行。健全供热价格机制，合理制定清洁供暖价格。

2018年，中国空气质量总体得到了改善。全国338个地级及以上城市平均优良天数比例为79.3%，同比提高1.3%；重污染天数比例为2.2%，同比下降0.3%；除臭氧浓度有所回升外，$PM_{2.5}$、PM_{10}等主要污染物排放浓度均实现稳步下降。其中，京津冀及周边地区"2+26"城市平均优良天数比例为44.9%，同比上升0.6%；$PM_{2.5}$浓度为$66\mu g/m^3$，同比下降14.3%。

2019年7月，国家能源局发布了《关于解决"煤改气""煤改电"等清洁供暖推进过程中有关问题的通知》，要求因地制宜拓展多种清洁供暖方式，在城镇地区，重点发展清洁燃煤集中供暖；在农村地区，重点发展生物质能供暖；在具备条件的城镇和农村地区，按照以供定改原则继续发展"煤改气""煤改电"；适度扩大地热、太阳能和工业余热供暖面积。

2019年7月8日，生态环境部发布了上半年全国空气质量状况。2019年1—6月，全国337个地级及以上城市的平均优良天数比例为80.1%，同比上升0.4%；142个城市环境空气质量达标，同比增加20%。

2020年，全国337个地级及以上城市平均优良天数比例为87.0%，同比上升5.0个百分点；$PM_{2.5}$平均浓度为$33\mu g/m^3$，同比下降8.3%；PM_{10}平均浓度为$56\mu g/m^3$，同比下降11.1%；臭氧平均浓度为$138\mu g/m^3$，同比下降6.8%；二氧化硫平均浓度为$10\mu g/m^3$，同比下降9.1%；二氧化氮平均浓度为$24\mu g/m^3$，同比下降11.1%；一氧化碳平均为浓度$1.3mg/m^3$，同比下降7.1%。京津冀及周边地区"2+26"城市平均优良天数比例为63.5%，同比上升10.4个百分点；$PM_{2.5}$浓度为$51\mu g/m^3$，同比下降10.5%。北京市优良天数比例为75.4%，同比上升9.6个百分点；$PM_{2.5}$浓度为$38\mu g/m^3$，同比下降9.5%。

综上所述，中国通过优化能源消费结构，提高能源综合利用效率，以降低化石燃料消耗量；通过控制建设施工过程扬尘，控制污染源头，降低污染物排放量；通过加大科研投入，开发能源高效利用以及污染治理先进技术及工艺，大力推行清洁生产；通过进一步完善制度、规范以及经济激励政策，加大对违法企业处罚力度，激励清洁生产先进工艺推广应用；通过加大宣传，积极践行"绿水青山就是金山银山"理念，开展绿色低碳生活方式的工作；完善大气污染防治常态监管，推行例行督察，加强专项督察、严格督察整改，明确落实生态环保责任，以进一步巩固大气污染防治成果。上述诸多法律、法规及政策大力提倡清洁供暖，这将极大地促进水热型地热大温差集中供热技术的发展与应用。

6.2.2 水热型地热大温差集中供热发展思路

清洁供热工程的发展规划与建设需要着眼于供热系统规划的整体性、热源的灵活多样性和设备技术的创新利用，旨在优化供热系统集成及运行策略，提升供热系统能效水平。集中供热系统在具体规划的时候，不仅需要考虑供暖系统本身，而且还要考虑与其他能源系统耦合，以便于从全局层面规划，提高区域能源综合利用系统的能效水平，大幅度降低化石能源消耗量及其大气污染物排放量，以提升大气环境质量。

热源的灵活多样性是指根据"能源品位对口、梯级利用"原则，对一些非燃料的热源（如工业余热、城市废热，可再生能源）加以回收利用，以提高区域能源综合利用系统整体性能，提升清洁供暖经济效益。

清洁供热新工艺及能量高效利用设备（如吸收式大温差换热机组、压缩式大温差换热机组、喷射式大温差换热机组、中高温热泵以及高效大温差集中供热新工艺）为低温废热、中低温可再生能源的高效利用提供了技术支撑和硬件支持。

储热设施也是提升供能系统灵活性、稳定性以及能效水平的关键设备之一。储热类型、容量及分布方式应结合所储热能特点、负荷时空分布特征以及区域能源供与需匹配关系进行分析评价，优选合适的储热类型、容量及分布方式，以便于区域能源综合利用系统的高效运行与调度。

目前，基于换热器或热泵的常规水热型地热供热系统具有供热规模小、系统结构简单、初投资小、能效较高、项目风险性较低等优点，但其地热经济输送距离短、供热能力低，可能会导致地热资源利用不充分，利用率偏低。鉴于此，常规水热型地热供热工艺宜用于水热型地热田与热用户空间分布一致的供热情景，在条件允许的条件下，可与传统集中供热系统共存，实现优势互补，最大程度上提高地热资源利用效率及利用率。

水热型地热大温差集中供热技术及工艺开发将进一步完善水热型地热集中供热技术体系。压缩式大温差换热机组、吸收式大温差换热机组、喷射式大温差换热机组、吸收式热变换器、喷射换热器、防腐型高效换热器以及中高温压缩式或吸收式或喷射式热泵机组等关键热力设备成功研制及系列化生产将为水热型地热大温差集中供热工程规划、设计与建设提供技术支持和硬件支持。水热型地热大温差集中供热系统具有系统复杂、能效高、初投资大、节能环保效益显著、经济效益好以及地热经济输送距离长等特点，宜用于大型水热型地热田与热用户空间分布不一致的供热情景，为不同工程条件的水热型地热资源大规模开发利用提供了新思路、新解决方案。

对于常规能源配置和既有供热基础设施条件较好的供热情景，水热型地热也可作为一种基础负荷热源被耦合到多能源联合集中供热系统中，提高区域能源综合利用系统的能效水平、运行可靠性以及节能环保效益。

由此可见,水热型地热集中供热工程规划与设计需要按照"因地制宜、多措并举、就地利用"的原则,并结合热负荷与热源在能量品位、时间及空间分布特点、当地常规能源配置条件、能源政策以及既有供热基础设施建设状况,实施集中供热与分散供热相结合、单一热源与多热源耦合相结合以及低温供热与高温供热相结合的水热型地热集中供热工程规划、设计与建设思路,强调区域能源综合利用系统的整体能效水平,满足供热工程建设的多样化需求,大力推动清洁供暖工程建设,促进北方城镇供热行业"碳达峰、碳中和"发展。

6.3 水热型地热集中供热激励政策探讨

6.3.1 现代激励理论基础及方法

1. 现代激励理论基础

激励理论是关于如何满足个体的各种需要、调动个体的积极性的原则和方法的概括总结。具体来说,激励理论是指通过特定的方法与管理体系,将个体对组织及工作的承诺最大化的过程,其目的在于激发个体的正确行为动机,调动其积极性和创造性,以充分发挥其智力效应,做出最大成绩。

管理过程的实质是激励,通过激励手段,诱发人的行为。在"刺激—反应"理论指导下,激励者的主要任务是设计或选择一套适当的激励手段,以引起被激励者相应的行为反应的发生。当前,主要有三种激励模式:物质激励模式、精神激励模式和情感激励模式。

物质激励模式侧重于以物质刺激形式作为手段,鼓励个体从事激励者所期望的工作,其理论依据是关于人性行为的 X 理论假设和雪恩的经济人假设;精神激励模式侧重于精神因素鼓励个体从事激励者所期望的工作,其理论依据是关于人性行为的 Y 理论假设和雪恩关于自我实现人的假设;情感激励模式既不是以物质利用作为刺激,也不是以精神理想作为刺激,而是侧重于以个体与个体之间的感情联系为手段,激励个体从事激励者所期望的工作[10-11]。

物质激励、精神激励和情感激励三种模式都旨在调动个体的积极性,但三者在激励措施和激励方向方面却存在明显的差异,三者之间可相互补充,以最大程度上发挥激励作用。在激励措施上,物质激励模式主要采取以金钱为主的物质手段,精神激励模式主要采取荣誉激励等措施,情感激励模式主要采取关心、尊重等激励措施;在激励方向上,物质激励模式主要采用奖励和补贴方式,精神激励模式采用提升个体职业荣誉感和成就感方式,情感激励模式主要采用关心、理解、体贴个体的形式。随着社会和经济水平的发展,物质激励模式对个体的激励作用减弱,但仍离不开物质激励;精神激励和情感激励模式对个体的激励作用在增强[10-11]。由此可见，物质激励是实施激励的核心，而精神激励和情感激励是辅助性激励，三者相互补充，以充分发挥激励作用。

2. 中国特色激励政策发展需求

中国民族企业家卢作孚早在 20 世纪 20 年代创办了民生公司，通过汲取中华优秀传统文化的生存及管理智慧，提出了"服务社会、便利人群、开发产业、富强国家"的宗旨，提倡个人为事业服务，事业为社会服务，推行以物质激励为基础、精神激励为辅的手段。以卢作孚为代表的民族企业家所提出的先进管理理念及精神早于日本的丰田精神和松下信条，为中国现代激励理论发展奠定了基础。

西方的现代激励理论是在西方社会的土壤上生长的，其建立的基础与依据是西方国家经济发展水平、社会价值体系、资源禀赋、发展理念及目标以及相匹配的价格体系等，因此其较适合于西方政治、经济、文化发展需求。与西方发达国家相比，中国的政治、经济、文化具有自己的鲜明特色，因此中国激励政策制定思路可借鉴西方发达国家的成功经验与失败教训，但应不同于西方发达国家，更不能简单地照抄照搬。

水热型地热清洁供热激励政策制定建议遵循如下原则[12-13]：

① 坚持学习国外先进的现代激励理论，有选择地借鉴国外先进的发展理论和成功的实践经验；

② 坚持短期发展目标与长期发展目标的统一性；

③ 坚持政策实施的长期性和稳定性；

④ 协调各个部门，坚持政策的一致性；

⑤ 坚持实事求是、因地制宜、分步推进原则；

⑥ 研究供热能耗结构及供热成本结构，分析影响大气污染减排率及效果的主要因素，制定水热型地热清洁供热系统投资财政补贴依据及资金支持比例；

⑦ 不同北方城镇在制订清洁能源供热价格时应结合当地经济发展水平以及居民可承受力，并兼顾供热企业经济效益。

激励政策是指政府制定相应的经济政策，通过价格机制、补贴政策和强制消费等手段刺激投资者投资清洁供热产业，以推动清洁供热产业发展。当前的激励政策主要有：电价政策、税收优惠政策、财政补贴、市场准入。

水热型地热大温差集中供热系统具有初投资大的特点，但其节能环保效益突出，是水热型地热资源丰富地区应大力推广的一种清洁供热方式。能源价格优惠、财政补贴、税收减免、低息贷款、市场准入等激励政策有利于解决水热型地热大温差集中供热系统初投资大的问题，因此是激励水热型地热集中供热发展的主要措施，但仍需结合中国现代社会发展需求进一步完善水热型地热清洁供热激励政策体系，以大力推动北方城镇水热型地热清洁供热发展，尽早实现供热行业的"碳达峰、碳中和"。

6.3.2 既有地热供热激励政策剖析及不足

1. 地方政府既有金融激励政策

目前，中国清洁能源供热相关的经济激励机制仍偏重于供给侧。我国地域辽阔，各个地区资源禀赋及经济发展水平差异较大，因此各个地区的金融激励政策及标准迥异。中国北方地区各个地方政府均对清洁供热项目制定财政补贴政策，以促进清洁供热发展。

北京市发改委、市规划自然资源委等 8 个单位联合制定了《关于进一步加快热泵系统应用推动清洁供暖的实施意见》，要求加快发展热泵系统应用，大幅度提升可再生能源利用规模，推动由天然气、外调电为主的清洁能源结构向低碳能源结构转变，引领能源创新转型升级，并重点加强民用建筑、燃煤替代等清洁供热重点领域的资金支持，对新建、改扩建热泵系统、余热热泵系统项目的热源和一次管网建设投资给予 30％的资金支持；对地热能供暖系统的热源及一次管网建设投资给予 50％的资金支持[14]。

陕西省住房和城乡建设局、发展改革委等印发了《关于发展地热能供热的实施意见》，要求关中和陕北地区城镇建设以热电联产、燃气锅炉等集中供暖为主，分散式天然气、电、可再生能源等利用为辅的清洁取暖格局，实现 2019 年清洁取暖率达到 63％；到 2021 年，全省清洁取暖率达到 70％以上；对利用地热能向居民供暖（制冷）项目的运行电价执行居民用电价格，并充分发挥地热能发展基金的引导作用，以促进地热清洁供热产业发展[15]。

河南省发展改革委、国土资源局、住建局、环保局、水利局联合印发了《关于开展地热能清洁供暖规模化利用试点工作的通知》，并优先选择在地热资源较为富集的地区，创建一批地热能清洁供暖规模化利用试点区域，促进地热能利用技术升级。为此，财政补贴实施标准为 40 元/m² （供热面积），并要求"煤改电"供暖系统执行居民用电价格[16]。

河北省住房和城乡建设厅于 2017 年 4 月 25 日印发了《河北省城镇供热"十三五"规划》，要求积极推广可再生能源清洁供暖技术应用，在适宜地区优先利用工业余热和浅层地能为建筑供暖，力争到 2020 年，河北省地热能供热能力累积达到 1.3 亿平方米。按照《关于调整完善农村地区清洁取暖财政补助政策的通知》（冀代煤办〔2018〕30 号）给予采暖期农户用电 0.12 元/kW·h 补贴，每户最高补助 1200 元[17]。

《山东省冬季清洁取暖规划（2018—2022 年）》要求各地树立新发展理念，以保障群众温暖过冬、减少大气污染为立足点，按照"宜气则气、宜电则电、宜煤则煤、宜可再生能源则可再生能源"原则，构建安全、绿色、高效、适用的清洁供暖体系。力争到 2020 年，全省平均清洁取暖率达到 70％以上，工业余热、天然气、电能、生物质能等可再生能源供热面积约占全省总采暖面积的 30％，全省供热平均能耗下降至 18kg 标准煤/m² 左右[18]。各地区市也结合各自实际情况出台了一系列措施，如青岛市为清洁能源供热项目的建设开辟绿色通道，每个清洁能源供热项目最高可享 3000 万元补贴；济南市主要采取以奖代补方式，单个企业的年扶持额度原则上不超过 100 万元。

天津市实施《天津市 2017—2018 年秋冬季大气污染综合治理攻坚行动方案》，鼓励利用电锅炉、燃气分布式能源系统和生物质能、太阳能、地热等可再生能源供暖。对于分散供暖项目，补贴标准参照"煤改电""煤改气"政策执行；对于集中供暖项目，参照环城四环外燃煤供热锅炉改燃气供热锅炉补贴标准（20 元/m² 供热面积）；对于电锅炉集中供暖项目，供暖项目用电按照"煤改电"峰谷电价执行，同时给予电力补贴，标准为 0.2 元/kW·h[19]。2019 年 3 月 1日，天津市开发区科技和工业创新局印发了《关于申报开发区 2019 年第一批节能扶持项目的通知》。该通知明确了空气源热泵、地源热泵、污水源热泵、地下（表）水源热泵等补贴标准与方式：30 元/m² 供热（供冷）面积，且项目补贴总额不超过项目投资额的 30%，单个项目补贴总额不超过 150 万元。

各地政府为推动清洁采暖对工业余热、水热型地热等清洁能源供暖工程实施了政策支持和财政补贴激励，目前已取得了可喜进展。由于目前的清洁供暖金融激励政策不太完善，水热型地热大温差集中供热先进技术及工艺的经济效益在现有价格体系和金融激励政策下有可能不具有很强的竞争力，从而影响水热型地热资源高效开发利用。为了响应国家"2030 年碳达峰、2060 年碳中和"发展目标，现有的清洁供热金融激励政策有待于进一步完善，以大力推动水热型地热大温差集中供热发展。

2. 开发水热型地热资源的法规建设

近些年来，由于地热开采监管不力，部分水热型地热供热项目对地热水只采不灌，导致中深层地热水超采、生态环境污染，已引起中央政府和地方政府高度关注。山东、山西、河北等地针对地热井无证无序、违法违规开采的地热利用项目开展了集中关停行动。2020 年 7 月 15 日，河北省自然资源厅、河北省水利厅联合印发了《关于严格管控抽采地热水的通知》，明确规定：除山区自流温泉外，原则上不再新立以抽采地热水方式开发利用地热的采矿权；除山区自流温泉和已有的有效地热采矿权外不再新批地热水取水许可证。

现行相关法律对地热水资源开发利用做出明确规定。现行《中华人民共和国水法》对包括地表水和地热水在内的水资源依法实行取水许可制度和有偿使用制度。根据《矿产资源法》及实施细则，地热属于能源矿产，地热资源勘查、开采必须依法申请，且经批准取得探矿权、采矿权后方可对其实施开发利用。2020年 7 月 30 日，北京市第十五届人民代表大会常务委员会第二十三次会议通过了《关于北京市资源税具体适用税率等事项的决定》；2020 年 7 月 29 日，天津市人民代表大会常务委员会通过了《关于天津市资源税适用税率、计征方式及减征免

征办法的决定》；2020 年 7 月 31 日，河南省第十三届人民代表大会常务委员会第
十九次会议通过了《关于河南省资源税适用税率等事项的决定》；2020 年 7 月 30
日，河北省第十三届人民代表大会常务委员会第十八次会议通过了《关于河北省
资源税适用税率、计征方式及免征减征办法的决定》；2020 年 6 月 12 日，山东省
第十三届人民代表大会常务委员会第二十次会议通过了《关于山东省资源税具体
适用税率、计征方式和免征或者减征办法的决定》。

各省市相继颁布了地热资源税适用税率议案，并将地热列入矿产资源的管理
范围。地热资源税适用税率已于 2020 年 9 月 1 日起在全国正式施行。相关的法
律法规为水热型地热资源的合法、有效和合规开采提供了法律保障。这些法规已
成为相关部门审批、监管、督查地热资源开发利用的依据，确保水热型地热资源
得到合规、有序、高效的开发利用。

6.3.3　水热型地热供热激励政策完善思路

1. 国外清洁能源供热激励政策

为推动清洁能源发展，美国、丹麦、德国、瑞典等西方发达国家均制定了明
确的财税支持政策，包括直接补贴、税收优惠、低息贷款等。如美国通过法律手
段将新能源税收政策予以规范化、制度化，并在法律条文中对相关税收优惠政策
做出详细的规定，以确保新能源税收激励措施的明确性和可行性。丹麦、德国、
瑞典的供暖需求巨大，因此其清洁能源供热事业发展较早，目前已拥有符合其实
际国情的供热体系和较成熟的激励政策。中国的经济发展水平和资源禀赋与丹
麦、德国、瑞典等国的差异较大，不宜直接照抄照搬，但其制定清洁能源金融激
励政策的思路和成功的实践经验值得借鉴。

1979 年，丹麦通过了《供热法案》。该法案规定了丹麦热力管网具体规划，
明确了供热部门和当地政府的职责与权力；2010 年 6 月，丹麦政府颁布了《丹
麦可再生能源行动计划》，明确了可再生能源的发展目标：到 2020 年，约 40% 的
供热能耗来自可再生能源。当前，丹麦政府已把发展低碳经济置于国家战略高
度，制定出发展目标：2020 年，50% 电能来自风能；2035 年，供热所需能源全
部来自生物质能、太阳能等可再生能源；2050 年完全淘汰化石燃料，实现全社
会零碳发展目标[20-21]。丹麦学者所提出的欧洲第五代区域供热技术将完全摒弃化
石燃料，形成分布式智慧能源网。该新技术将利用储热技术高效利用风力发电及
可再生能源，以满足丹麦能源需求。2012 年 4 月 4 日，丹麦政府实施了《丹麦能
源政策协议》，支持基于太阳能和生物质能的区域供热发展，并通过减免能源税
等金融激励政策来推动清洁供暖发展。

德国多数热用户采用天然气等热电联产集中供热，仅有少数热用户采用电或
煤等分散方式采暖。为降低化石能源消耗量，德国相继制定并颁布了一系列法
律，并实施大量的能效提升措施。1976 年，德国政府制定了第一部《节能法》

和《保温条例》；2002 年，德国的《节约能源条例》取代之前的《建筑物热保护条例》和《供暖设备条例》，对供暖、热水设备的节能技术指标作出了详细的规定，规范了锅炉等供暖设备的节能技术指标；2010 年，德国政府实施的《可再生能源供热法》要求到 2020 年，将可再生能源供暖的比例提高到 14%；2014 年，德国的《国家能效行动计划》确定了 2020 年将一次能源消费量降低 20% 的目标；2015 年，德国可再生能源在热力供应中的占比已达到 13.2%[22-26]。为促进可再生能源开发利用，德国政府相继制定了低息或优惠贷款、税收抵免、价格控制等激励政策。

20 世纪 80 年代，为提升大气环境质量，瑞典政府制定了限制硫化物及细微颗粒排放法案，强制能源系统安装除硫设备；20 世纪 90 年代，为应对气候变化与全球变暖问题，瑞典政府修订和完善了能源税收体系，实施二氧化碳碳税征收机制，还通过"工业废热利用补贴"推动基于城市固体垃圾余热和工业废热的区域供热发展，提升能源利用率，改变供热系统燃料消费结构；2005 年，瑞典政府又引入碳排放交易体系，征收排碳税，以进一步促进清洁能源高效利用技术的发展与应用。[22,27-28]

欧盟部分国家通过实施减免能源税或碳排放税等金融激励政策来调节清洁能源供热系统经济效益，进而利用市场经济手段来促进清洁能源供热发展[29-30]。

能源税是政府向特定消费品征收的税项，旨在调节产品结构，引导消费方向。为了鼓励节能，对石油和汽油等商品的价格征收附加费，以用于环境维护和治理。在瑞典，能源税征税范围主要是燃料和电力。燃料的纳税人是在瑞典生产应税燃料和用应税燃料生产同类商品的人以及经营进口和自产自用应税燃料的人；电力的纳税人是为任何出于商业目的在瑞典销售和消费自己生产电力的人，以及销售他人生产电力的人。不同国家的能源税征税范围是不同的，但通常会通过税收抵免来促进节能减排，并对产生温室气体的物品征收附加税。

碳排放税是指针对二氧化碳排放所征收的税，旨在通过削减二氧化碳排放来减缓全球变暖，保护环境。

能源税与碳排放税之间的联系与区别如下：

① 两者都对化石燃料进行征税，但碳排放税征收只针对化石能源，而能源税包括所有能源，因此碳排放税征收范围小于能源税；

② 碳排放税按照化石燃料的含碳量或碳排放量进行征收，目的较明确，而能源税是按照能源消耗数量进行征收，不局限于二氧化碳减排；

③ 两者均具有二氧化碳减排和节约能源等作用，对于二氧化碳减排，根据含碳量征收的碳排放税效果优于不按含碳量征收的能源税。

由此可见，能源税和碳排放税的特点是不同，其实施目的和实施效果也不一样。因此，不同行业应结合自身的能源消费结构及污染物排放特点制定出目的性较强的金融激励政策及标准。

2. 中国地热供热既有金融激励政策分析

财政补贴对供热系统的供热成本、投资回收期和经济输热距离影响较大。不同地区的财政补贴方式及标准存在较大差异。对于不同地区或同一地区不同城市，财政补贴标准也存在较大差异，如北京市、天津市。目前，中国地热供热系统财政补贴方式大概分两类：①按照供热系统总投资比例进行一次性财政补贴；②按照供热面积进行一次性财政补贴。

下面以 5.4.2 的供热案例（基于压缩式和吸收式换热的水热型地热大温差集中供热）为对象来分析两种财政补贴方式实施效果。

供热系统总投资的财政补贴比率对基于压缩式和吸收式换热的水热型地热大温差集中供热系统供热成本的影响如图 6-1 所示。

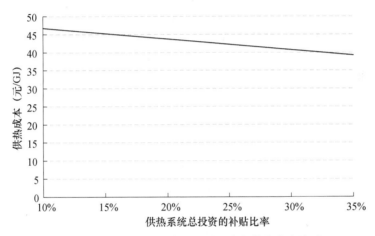

图 6-1　供热系统总投资的补贴比率与供热成本关系

由图 6-1 分析可知，随着供热系统总投资补贴比率增大，基于压缩式和吸收式换热的水热型地热大温差供热系统供热成本逐渐降低，从而为供热系统带来较大的利润空间。当供热系统总投资比率由 10％提升至 30％时，基于压缩式和吸收式换热的水热型地热大温差集中供热系统供热成本降低约 12％。这说明，供热系统总投资比率的补贴标准不仅有利于缓解基于压缩式和吸收式换热的水热型地热大温差集中供热系统初投资大的压力，而且还有助于提高其项目盈利能力和市场竞争力。

供热系统总投资财政补贴比率对基于压缩式和吸收式换热的水热型地热大温差集中供热系统投资回收期的影响如图 6-2 所示。

由图 6-2 分析可知，基于压缩式和吸收式换热的水热型地热大温差集中供热系统投资回收期相对较短，且投资回收期随着补贴比率增大而缩短。当补贴比率由 10％提升至 35％时，基于压缩式和吸收式换热的水热型地热大温差集中供热系统投资回收期仅缩短半年。由此可见，基于压缩式和吸收式换热的水热型地热

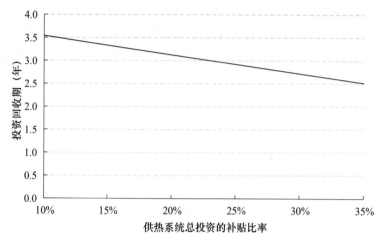

图 6-2　供热系统总投资的补贴比率与投资回收期关系

大温差集中供热系统具有较好的经济效益，且其项目风险相对较小。

地热供热面积补贴标准对基于压缩式和吸收式换热的水热型地热大温差集中供热系统供热成本的影响如图 6-3 所示。

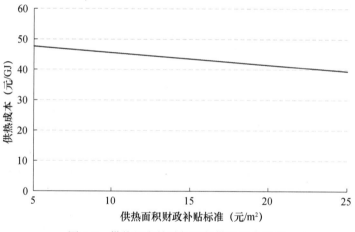

图 6-3　供热面积补贴标准与供热成本关系

由图 6-3 分析可知，基于压缩式和吸收式换热的水热型地热大温差集中供热系统供热成本相对较低，且其值随着补贴标准的提高而减小。总体来看，财政补贴对基于压缩式和吸收式换热的水热型地热大温差集中供热系统供热成本的影响约 10%，相对较小，但可解决基于压缩式和吸收式换热的水热型地热大温差集中供热系统建设的资金压力。

供热面积补贴标准对基于压缩式和吸收式换热的水热型地热大温差集中供热系统投资回收期的影响如图 6-4 所示。

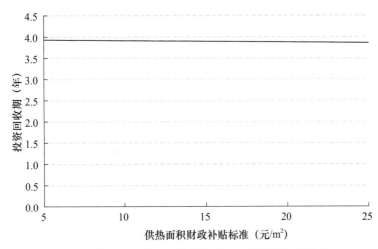

图 6-4　供热系统投资回收期与供热面积补贴标准关系

　　由图 6-4 分析可知，基于压缩式和吸收式换热的水热型地热大温差集中供热系统投资回收期随着供热面积补贴标准升高而缓慢下降。当供热面积地热补贴标准由 5 元/m² 升高至 25 元/m² 时，基于压缩式和吸收式换热的水热型地热大温差集中供热系统投资回收期仅缩短 0.2 年，影响力相对较小。

　　上述两种财政激励政策均有助于解决基于压缩式和吸收式换热的水热型地热大温差集中供热项目在建设期间的资金压力，但对水热型地热利用量及地热资源利用率没有具体要求。相对于基于压缩式和吸收式换热的水热型地热大温差集中供热技术，常规小规模地热低温供热技术在一定的经济输热距离范围内拥有较好的经济效益，但由于其供热规模及供热能力较小，将导致水热型地热资源开发利用不充分，水热型地热资源利用率较低。由此可见，在上述两种金融激励政策条件下，部分供热企业考虑到投资收益率和经济效益可能选择采用常规的地热低温供热技术方案，出现供热领域的逆淘汰现象（落后技术工艺淘汰先进技术工艺）。这不利于鼓励供热企业采用较先进的水热型地热大温差集中供热技术工艺，以大力开发利用水热型地热资源，提高水热型地热资源利用率，促进供热"碳达峰、碳中和"发展。

　　为提高水热型地热资源利用率，本课题组提出按照"地热利用量"对水热型地热集中供热企业进行财政补贴的新激励政策，并辅之以优惠贷款政策以降低供热企业资金压力。也即是说，供热企业每年开发利用的水热型地热资源量越大，其获得资金补贴也越大，这也相当于提高了供热企业年利润。新金融激励政策类似于欧洲国家采用能源税和碳排放税，但其计算依据是基于地热利用量，而不是基于化石能源消耗量或碳排放量。这显著区别于能源税和碳排放税，其目的性更强，实施效果将更直接有效。

　　地热量补贴标准对基于压缩式和吸收式换热的水热型地热大温差集中供热系

统供热成本的影响如图 6-5 所示。

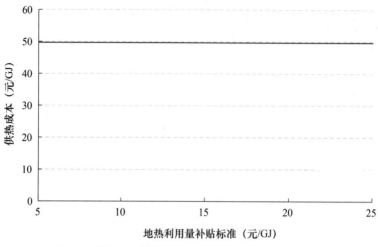

图 6-5 供热系统供热成本与地热利用量补贴标准关系

由图 6-5 分析可知，随着地热利用量补贴标准增大，基于压缩式和吸收式换热的水热型地热大温差集中供热成本几乎没有任何变化。这是由于每年派发给基于压缩式和吸收式换热的水热型地热大温差集中供热系统的财政补贴相当于增加了供热企业的盈利能力，但无法改变其初投资及运行成本。

地热利用量补贴标准对基于压缩式和吸收式换热的水热型地热大温差集中供热系统投资回收期的影响如图 6-6 所示。

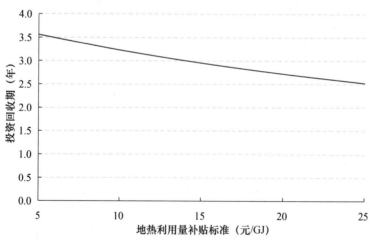

图 6-6 供热系统投资回收期与地热利用量补贴标准关系

由图 6-6 分析可知，基于压缩式和吸收式换热的水热型地热大温差集中供热系统投资回收期随着地热利用量补贴标准增加而缩短。当地热利用量补贴标准为

15 元/GJ 时，基于压缩式和吸收式换热的水热型地热大温差集中供热系统投资回收期低至 3 年。因此，新的金融激励政策及财政补贴方法将有助于激励水热型地热供热企业采用较先进的水热型地热大温差集中供热技术，以最大程度地高效开发水热型地热资源。新的财政补贴方法及政策也有利于供热企业合理可持续地开发地热资源，以期每年获得可观的财政补贴。

水热型地热集中供热系统通常引入一些常规能源热力设备，以保障供热系统运行的可靠性和经济效益。部分热力企业在开发利用水热型地热资源时有可能出现"挑肥拣瘦"现象，着重开发利用经济效益显著的较高温地热能，摒弃经济效益相对差的较低温地热能，且同时能获得可观的政府财政补贴及其他优惠政策支持。这种不完善金融激励政策体系不利于水热型地热能等清洁能源深度开发利用，导致清洁能源利用率降低，有悖于国家实施金融激励政策的初衷，也不利于供热行业"碳达峰、碳中和"发展。水热型地热大温差集中供热项目如果实行按照供热系统总投资比例进行一次性财政补贴，将促进清洁能源开发与常规能源供热系统互补，但也在某种程度上鼓励了部分企业的错误做法，导致水热型地热资源利用率偏低；水热型地热大温差集中供热项目按照供热面积进行一次性财政补贴，也将促进清洁能源开发与常规能源供热系统互补，但也在一定程度上鼓励供热企业加重常规能源利用比重以提高供热企业经济效益，摒弃较低品位甚至较高品位的地热能等清洁能源；水热型地热大温差集中供热项目每年按照地热利用量进行财政补贴，则鼓励供热企业大力开发水热型地热资源等清洁能源，并可通过补贴标准采用市场经济手段调动供热企业主动性和积极性，以优化供热行业能源消费结构，尽快实现"碳达峰、碳中和"发展目标。

由此可见，政府相关主管机构及组织在制定水热型地热等清洁能源供热金融激励政策时，应尽可能减少政策上的漏洞，着力推动地热能等清洁供热发展，提高供热领域的清洁能源利用比重。上述三种财政补贴激励方式均具有各自特点，其中按照地热利用量补贴政策相对客观、有效，但其补贴政策体系制定机制还有待进一步探讨。

3. 中国水热型地热集中供热发展建议

目前，中国既有的地热清洁供暖激励政策已取得了显著成效，但其激励政策及制度建设尚需进一步完善，欧美等发达国家的实践经验值得深入分析与借鉴[30-32]。中国水热型地热集中供热激励政策应结合中国北方各个城镇实际的经济发展水平及能源禀赋制定与之相匹配的针对性激励政策，宜遵循"财政补贴为辅、市场调节为主"的原则，实行竞争性补贴，以避免补贴过多。

中深层地热井长期只采不灌或采灌不平衡，则易导致地热水严重超采。这不仅将导致地面沉降，而且也将因地热水的碱性以及重金属超标等不利影响因素而导致毗邻地区地表水或周边土壤污染。因此，地热资源勘探、开发申请与运行监管应做到全程无缝衔接、实时动态监管。

水热型地热资源开发的审批权不宜分散，否则容易产生一种"谁都管、谁都不负责"的现象，并导致多部门联合监管与执法困难，难以做到权责分明，从而导致多部门相互推诿责任。因此，水热型地热资源审批与监管的权力应集中于某个部门。这样既便于服务于水热型地热供热企业，又有利于政府对供热企业开发水热型地热资源过程的监管、执法与追责。为便于执法，有关水热型地热资源开发利用应制定一套完整的规章制度甚至法律体系，力争做到"有法可依、有法必依、执法必严、违法必究"。

水热型地热资源开发利用因地热水容量及温度勘探的不确定性、较高的地热井钻探费以及较高的长距离输送管网建设投资而极大地影响水热型地热集中供热项目风险性和经济效益[22-24]。这在一定程度上影响了水热型地热集中供热发展。鉴于此，国家一方面需要投入大量的物力、人力、财力，积极领导和组织相关部门及单位对全国水热型地热资源进行勘探，以获取更为详尽的地热勘察资料，为各个地区的水热型地热供热工程规划、设计与建设提供详实的数据支持，另一方面设立国家专项，积极开发水热型地热高效利用新技术及关键装备，重点建设几个示范工程。通过总结水热型地热集中供热示范工程规划、设计、建设及运行经验制定水热型地热集中供热系统设计标准，同时也应加强水热型地热开发利用激励政策研究，完善水热型地热集中供热激励机制和制度建设，制定项目审批、税收减免、低息贷款以及财政补贴方法及措施等激励政策，以推动中国北方城镇水热型地热集中供热发展，促进供热行业"碳达峰、碳中和"发展。

为了规范水热型地热资源的开发利用，中国不仅需要建立中国水热型地热能开发利用监测信息平台，对水热型地热资源勘查与开发利用情况进行动态跟踪监测，而且还应加强水热型地热集中供热理论及技术创新，搭建水热型地热集中供热先进技术及装备研发平台，研发具有中国特色的水热型地热集中供热技术体系以及系列化核心装备，建立中国水热型地热集中供热技术联盟及产业联盟，为中国实现"2030 年碳达峰及 2060 年碳中和"贡献智慧与力量。

参考文献

[1] 王贵玲，张薇，蔺文静，等. 京津冀地区地热资源成藏模式与潜力研究 [J]. 中国地质，2017，44（6）：1074-1085.

[2] 王贵玲，张薇，梁继运，等. 中国地热资源潜力评价 [J]. 地球学报，2017，38（4）：449-459.

[3] 江亿，唐孝炎，倪维斗，等. 北京 $PM_{2.5}$ 与冬季采暖热源的关系及治理措施 [J]. 中国能源，2014，6（1）：7-13，28.

[4] ZHANG Y P, LI X, NIE T, et al. Source apportionment of $PM_{2.5}$ pollutions in the central six districts of Beijing, China [J]. J Clean Prod, 2018, 174：661-669.

[5] 朱瑞娟，钟连红，王倩微，等. 北京市天然气发展对大气环境时空特征的影响 [J]. 煤

气与热力，2017（7）：38-42.

[6] 孙绪波．雾霾天气形成原因及治理问题分析［J］．资源节约与环保，2020（6）：11.

[7] 张楠．浅谈雾霾的危害及防治［J］．能源与环保，2020（2）：71-72.

[8] 李强．关于提速雾霾综合整治、改善空气环境质量的政策建议［J］．化工管理，2020（4）：60-61.

[9] 国家发展改革委．国家发展改革委关于印发北方地区清洁供暖价格政策意见的通知（发改价格〔2017〕1684号）［EB/OL］．2017-09-19.

[10] 俞文钊．现代激励理论与应用［M］．大连：东北财经大学出版社，2014.

[11] 李思莹．物质激励、精神激励和情感激励的比较［J］．中国集体经济，2017（13）：87-88.

[12] 赵家荣．中国可再生能源发展经济激励政策研究［M］．北京：中国环境科学出版社，1998.

[13] 张丹玲．中国可再生能源发展的政策激励研究［D］．西安：西北大学，2008.

[14] 北京市发展和改革委员会．关于印发进一步加快热泵系统应用推动清洁供暖实施意见的通知（京发改规〔2019〕1号）［EB/OL］．http：//fgw. beijing. gov. cn/fgwzwgk/zcgk/bwgfxwj/201912/t20191227_1522186. htm.

[15] 陕西省发展和改革委员会，等．关于印发陕西省冬季清洁取暖实施方案（2017—2021年）的通知［EB/OL］．http：//sndrc. sxi. cn/newstyle/pub_newsshow. asp？id＝1029343&chid＝100181.

[16] 河南省发展改革委，等．关于开展地热能清洁供暖规模化利用试点工作的通知［EB/OL］．http：//fgw. henan. gov. cn/2018/08-07/711665. html.

[17] 河北省发展改革委员会．关于印发《河北省采暖季洁净煤保供方案》的通知［EB/OL］．http：//hbdrc. hebei. gov. cn/web/web/zcfg_gfxwj/4028818b677203c20 16 7775dccc311b0. htm.

[18] 山东省人民政府．关于印发山东省冬季清洁取暖规划（2018—2022年）的通知（鲁政字〔2018〕178号）［EB/OL］．http：//m. sd. gov. cn/art/ 2018/8/31/ art 2259 28533. html.

[19] 天津市人民政府．关于印发天津市居民冬季清洁取暖工作方案的通知［EB/OL］．http：//www-main. tjftz. gov. cn/zmq/system/2017/12/01/010083219. shtml.

[20] 栗楠，赵秋莉，闫晓卿．丹麦能源战略——能效先锋［N］．中国能源报，2019-04-01.

[21] Danish Energy Agency. 2019 Denmark's energy and climate outlook［M］，2019.

[22] EKLIPS. EU renewable energy policies, global biodiversity, and the UN SDGs［R］. European Union Funding for Research & Innovation，2020.

[23] 宋玲玲，武娟妮，王兆苏，等．促进供暖能源转型的经济激励政策国际经验研究［J］．中国能源，2020，42（1）：39-44.

[24] 谷峻战．英国和德国可再生能源产业激励政策和实施效果的比较［J］．全球科技经济瞭望，2014，29（8）：59-65.

[25] 德国应对气候变化道路上的减速障碍［J］．中外能源，2019（12）：89.

[26] 林绿，吴亚男，董战峰，等．德国和美国能源转型政策创新及对我的启示［J］．环境保护，2017（19）：64-70.

[27] 汪集暘，龚宇烈，陆振能，等．从欧洲地热发展看我国地热开发利用问题［J］．新能源进展，2013，1（1）：1-6.

［28］郑人瑞，周平，唐金荣．欧洲地热资源开发利用现状及启示［J］．中国矿业，2017
　　　（5）：13-19.

［29］宋玲玲，武娟妮，王兆苏，等．促进供暖能源转型的经济激励政策国际经验研究［J］．
　　　中国能源，2020，42（1）：39-44.

［30］TESTER J W, REBER T J, BECKERS K F, et al. Deep geothermal energy fordistrict
　　　heating：lessons learned from the U. S. and beyond［M］. Advanced DistrictHeating and
　　　Cooling (DHC) Systems, Oxford, 2016.

［31］俞萍萍，杨冬宁．低碳视角下的可再生能源政策——激励机制与模式选择［J］．学术月
　　　刊，2012，44（3）：83-89.

［32］林静．中国供热如何摆脱高耗能低效率——基于能源、效率和热价视角［D］．厦门：厦
　　　门大学，2017.